"十四五"高等学校数字媒体类专业规划教材

数字视频编辑

郭建璞 ◎ 主编

U0316426

中国铁道出版社有限公司
CHINA RAILWAY PUBLISHING HOUSE CO., LTD.

内 容 简 介

"数字视频编辑"是文科、艺术类、数字媒体类专业计算机基础教育的核心课程之一。本书通过对非线性编辑工作流程的介绍，使学生熟练掌握主流视频编辑软件 Adobe Premiere CC 2020 的使用方法，为学生进一步深入和拓展传媒专业领域的数字视频技术应用奠定扎实的基础；培养学生基于计算思维和设计思维的数字视频媒体元素的综合处理能力，为创新、创业人才的培养打下坚实的基础。

本书主要内容包括：数字视频基本概念、非线性编辑基本工作流程、常用视频编辑方法、运动效果、音频过渡效果及音频效果、视频过渡效果及视频效果、字幕与矢量元素及渲染导出视频作品等内容。书中涵盖了图、文、声、像等多种视频媒体元素的设计与创作过程。全书理论与实践相结合，包含大量应用实例，注重实际操作技能的训练。为适合教学需要，各章均配有习题和电子课件，书中教学案例还提供了微视频，以方便读者的自学。

本书适合作为高等院校非计算机专业尤其是文科（文史哲、经管类）和数字媒体类、艺术类、师范类专业相关课程的教材，也可作为从事多媒体应用和创作专业人员的参考用书。

图书在版编目（CIP）数据

数字视频编辑 / 郭建璞主编 .—北京：中国铁道出版社
有限公司，2021.4（2024.7 重印）
"十四五"高等学校数字媒体类专业规划教材
ISBN 978-7-113-27719-2

Ⅰ.①数… Ⅱ.①郭… Ⅲ.①视频编辑软件 - 高等学校 -
教材 Ⅳ.① TN94

中国版本图书馆 CIP 数据核字（2021）第 021602 号

书　　名：**数字视频编辑**
作　　者：郭建璞

责任编辑：王占清	编辑部电话：(010)83529875	
封面设计：刘　颖		
责任校对：苗　丹		
责任印制：樊启鹏		

出版发行：中国铁道出版社有限公司（100054，北京市西城区右安门西街 8 号）
网　　址：https://www.tdpress.com/51eds/
印　　刷：北京联兴盛业印刷股份有限公司
版　　次：2021 年 4 月第 1 版　2024 年 7 月第 3 次印刷
开　　本：787 mm×1 092 mm 1/16　印张：19.5　字数：443 千
书　　号：ISBN 978-7-113-27719-2
定　　价：69.00 元

前　言

　　数字视频编辑是一门应用前景广阔的计算机应用技术，通过对素材的采集、剪辑、调色与校色、音频处理、添加音频和视频效果、字幕设计、输出指定格式的视频文件等一整套视频编辑流程，创造出高质量的视频作品，满足日益复杂的视频制作需求。

　　数字视频编辑的应用领域已涉及新闻出版、影视广告、艺术设计、科学研究等各个行业。通过本课程的学习，力求使学生能够较好地掌握数字影视编辑软件 Premiere 技术的核心内容；加深学生对多媒体信息中音频、视频方面的基本知识和基本操作技能的理解；培养学生更好地组织和驾驭多媒体信息的能力，响应党的二十大报告提出"推出更多增强人民精神力量的优秀作品"的伟大号召。面向未来，以高质量的艺术教育，培养新时代下的数字媒体优秀人才，使其具备良好的艺术素养、计算思维以及数字技术编辑处理能力，这也是创新、创业型人才培养的需要。本书是为高校非计算机专业，尤其是为文科和艺术类学生编写的计算机基础教育的核心教材，旨在全面提高学生的多媒体技术综合应用能力。

　　本书共分 11 章：第 1 章介绍数字视频的基本概念及基本理论；第 2 章介绍 Premiere Pro CC 概述及基本工作流程；第 3 章介绍项目文件的操作及序列的创建和管理；第 4 章介绍数字视频的常用编辑窗口、编辑方法及编辑工具；第 5 章介绍 Premiere Pro CC 内置的动态效果；第 6 章介绍视频的过渡效果；第 7 章介绍视频效果的使用、设置及色彩的调整；第 8 章介绍使用键控效果进行视频合成；第 9 章介绍字幕及矢量元素的创建和效果设置；第 10 章介绍音频过渡效果和音频效果的使用，以及使用"音轨混合器"制作 5.1 声道音频文件；第 11 章介绍视频的渲染和导出等内容。

　　本书注重学生创新、创业能力的培养：理论与实践相结合，每章都精选了应用案例，让学生在实践中有的放矢；注重学生计算思维、设计思维能力的培养：基于计算思维能力的培养，让学生掌握非线性编辑的基本流程，将复杂的任务细分，然后再根据任务特点完成视频编辑全过程。本书注重立体化教学设计：除了提供传统的教学课件外，还将每章的教学案例制作了微视频，以二维码的方式提供。微视频短小而独立，便于学生利用碎片化的时间获取所需知识。

　　本书适合作为高等院校非计算机专业尤其是文科（文史哲、经管类）和数字媒体类、艺术类、师范类专业相关课程的教材，也可作为从事多媒体应用和创作专业人员的参考用书。

建议课时安排表

章节名称	总学时数为 48 学时，2 学分	
	上课学时数	上机学时数
第 1 章　数字视频编辑基础	2	1
第 2 章　视频编辑软件 Premiere Pro CC 简介	2	1
第 3 章　项目文件与序列	2	2
第 4 章　数字视频基本编辑方法	2	4
第 5 章　动态效果	1	4
第 6 章　视频过渡效果	1	2
第 7 章　视频效果	1	4
第 8 章　键控效果	1	4
第 9 章　字幕	2	4
第 10 章　　Premiere Pro CC 音频效果	1	4
第 11 章　渲染与导出	1	2

本书由郭建璞编写。在编写过程中参考了许多数字视频技术和应用方面的相关书籍、文献和电子资料，在此向这些书籍、文献和电子资料的作者表示感谢。

由于编者水平有限，书中错误和疏漏在所难免，敬请读者批评指正。

本书素材源文件请到 http://www.tdpress.com/51eds/ 处下载。

编　者

于北京·中国传媒大学

目　录

第1章　数字视频编辑基础 ·· 1

1.1　**数字视频基本概念** ·· 1

1.1.1　模拟视频与数字视频 ····································· 2

1.1.2　数字视频中的媒体元素及其特征 ······················· 2

1.1.3　视频信息的数字化 ······································· 5

1.1.4　视频压缩标准 ··· 6

1.1.5　视频的文件格式 ··· 11

1.2　**数字视频理论基础** ·· 13

1.2.1　常用术语 ··· 13

1.2.2　视频制式 ··· 14

1.2.3　标清、高清、2 K 和 4 K ································· 15

1.3　**数字视频编辑基础** ·· 16

1.3.1　线性编辑与非线性编辑 ··································· 16

1.3.2　非线性编辑系统的基本工作流程 ························· 17

1.4　**应用实例——借助软件了解图像的数字化过程** ·················· 18

习题 ·· 21

第2章　视频编辑软件 Premiere Pro CC 简介 ························· 22

2.1　**视频编辑软件 Premiere Pro CC 概述** ·························· 22

2.1.1　Premiere Pro CC 的主要功能 ··························· 23

2.1.2　Premiere Pro CC 界面概述 ····························· 26

2.2　**视频编辑软件 Premiere Pro CC 的基本工作流程** ················ 33

2.3　**应用实例——定制个性化的工作区** ···························· 34

习题 ·· 39

第3章　项目文件与序列 ·· 40

3.1　**Premiere Pro CC 项目文件与项目素材** ·························· 40

3.1.1　项目文件的操作 ··· 40

3.1.2　项目素材的导入与管理 ··································· 44

3.2　**序列的创建与重构** ·· 55

3.2.1 序列的创建 ·· 55

3.2.2 重构序列 ·· 58

3.3 序列的管理与嵌套 ·· 59

3.3.1 序列的管理 ·· 59

3.3.2 序列的嵌套 ·· 60

3.4 应用实例——创建"美丽校园"项目 ································ 61

习题 ··· 66

第 4 章 数字视频基本编辑方法 ··· 67

4.1 基本视频编辑窗口 ·· 67

4.1.1 监视器窗口 ·· 67

4.1.2 使用"时间轴"面板编辑序列 ···································· 76

4.2 时间码 ··· 81

4.2.1 设置时间码显示格式 ··· 81

4.2.2 更改时间码的显示方式 ··· 82

4.2.3 设置时间码的值 ·· 82

4.3 标记的使用 ·· 83

4.3.1 添加标记 ·· 83

4.3.2 编辑标记 ·· 86

4.4 视频编辑工具 ·· 87

4.4.1 "工具"面板 ··· 87

4.4.2 选择与切割素材 ·· 88

4.4.3 波纹编辑与滚动编辑 ··· 89

4.4.4 外滑工具与内滑工具 ··· 91

4.4.5 比率拉伸工具 ·· 92

4.4.6 文字工具 ·· 93

4.4.7 "节目"监视器窗口"修剪"模式 ·································· 93

4.5 替换剪辑和素材 ·· 95

4.5.1 从"素材箱"替换序列中的剪辑 ···································· 96

4.5.2 从"源"监视器替换序列中的剪辑 ·································· 97

4.5.3 替换素材 ·· 98

4.6 应用实例——同步编辑多机位序列 ·································· 99

习题 ··· 102

第 5 章 动态效果 ··· 103

5.1 运动效果 ·· 103

5.1.1 实现运动效果 ·· 103

5.1.2　实现动中有静的效果 106

5.2　关键帧的操作 107

5.2.1　关键帧的基本操作 107

5.2.2　关键帧插值 108

5.3　设置不透明度效果 111

5.3.1　设置不透明度 111

5.3.2　不透明度蒙版 113

5.3.3　设置混合模式 114

5.4　设置时间重映射效果 116

5.4.1　设置剪辑播放速度 116

5.4.2　设置倒放镜头与静帧镜头 119

5.5　应用实例——多视频画面连续动态播放 120

习题 124

第6章　视频过渡效果 125

6.1　视频过渡概述 125

6.1.1　视频过渡原理 126

6.1.2　添加、设置、替换视频过渡效果 128

6.2　视频过渡类型 131

6.2.1　3D 运动 131

6.2.2　内滑 132

6.2.3　划像 134

6.2.4　擦除 134

6.2.5　溶解 135

6.2.6　缩放 138

6.2.7　页面剥落 139

6.3　外挂视频过渡效果 140

6.4　应用实例——制作唯美电子音乐相册 141

习题 146

第7章　视频效果 147

7.1　视频效果的使用 147

7.1.1　视频效果分类 148

7.1.2　视频效果添加 149

7.1.3　视频效果的控制 151

7.2　色彩调整 154

7.2.1　色彩理论 155

7.2.2　Lumetri 颜色面板 ··· 158

7.2.3　Lumetri 预设 ·· 168

7.3　视频效果 ·· 169

7.3.1　变换类 ··· 169

7.3.2　图像控制类与实用程序 ·· 170

7.3.3　扭曲 ·· 171

7.3.4　时间 ·· 174

7.3.5　杂色与颗粒 ·· 174

7.3.6　模糊与锐化 ·· 175

7.3.7　生成 ·· 178

7.3.8　视频 ·· 181

7.3.9　调整 ·· 181

7.3.10　过时 ··· 182

7.3.11　过渡 ··· 183

7.3.12　透视 ··· 184

7.3.13　通道 ··· 184

7.3.14　键控 ··· 187

7.3.15　颜色校正 ·· 188

7.3.16　风格化 ·· 192

7.4　应用实例——舞动的精灵 ·· 198

习题 ·· 201

第 8 章　键控效果 ··· 202

8.1　Alpha 通道与亮度键 ··· 202

8.1.1　具有 Alpha 通道的素材 ··· 203

8.1.2　Alpha 调整 ·· 204

8.1.3　亮度键 ··· 205

8.2　抠像 ··· 206

8.2.1　基于颜色抠像 ··· 206

8.2.2　遮罩抠像 ·· 208

8.3　应用实例——影院放映 ··· 212

习题 ·· 214

第 9 章　字幕 ··· 215

9.1　创建字幕 ·· 215

9.1.1　标题设计器 ·· 216

9.1.2　文字图层 ·· 220

9.1.3　字幕样式及其他常规操作 225

9.1.4　新版字幕 231

9.2　动态字幕和字幕效果 233

9.2.1　动态字幕 233

9.2.2　字幕效果 237

9.3　应用实例——视频解说词 239

习题 243

第 10 章　Premiere Pro CC 音频效果 244

10.1　音频轨道和音频编辑 244

10.1.1　音频轨道 244

10.1.2　音频编辑 247

10.1.3　Adobe Audition 中编辑音频剪辑 256

10.2　添加音频过渡效果与音频效果 260

10.2.1　添加音频过渡效果 260

10.2.2　添加音频效果 263

10.3　"基本声音"面板 264

10.3.1　音频剪辑类型 264

10.3.2　"对话"类型及其操作 265

10.3.3　"音乐"类型及其操作 268

10.3.4　"SFX"类型及其操作 270

10.3.5　"环境"类型及其操作 270

10.4　音轨混合器 271

10.4.1　使用"音轨混合器"录制配音 271

10.4.2　使用"音轨混合器"添加音频效果 274

10.4.3　使用"音轨混合器"制作 5.1 环绕立体声 275

10.5　应用实例——制作动感十足的卡点音乐视频 277

习题 279

第 11 章　渲染与导出 280

11.1　渲染 280

11.1.1　渲染区域 280

11.1.2　预览文件 283

11.2　导出 284

11.2.1　导出设置 284

11.2.2　元数据 293

11.2.3　导出数字视频作品 294

11.3　导出交换文件 ·· 295

11.3.1　导出 EDL 文件 ··· 295

11.3.2　导出 AAF 文件 ·· 295

11.3.3　导出 Final Cut Pro 项目 XML 文件 ··· 297

11.4　应用实例——按网站要求上传自己的视频作品 ·· 297

习题 ··· 300

参考文献 ·· 301

第 *1* 章

数字视频编辑基础

在进行视频编辑的过程中，会遇到一些技术术语和基本理论，如编码标准、色彩空间模型、视频制式等内容，掌握这些数字视频理论知识有助于更好、更深入地学习数字视频编辑。这些理论知识会渗透到后面学习的各个章节。

◎ 学习要点

- 了解模拟视频与数字视频的基本概念
- 掌握媒体元素的数字化过程
- 掌握运动图像的压缩标准
- 了解视频文件的格式
- 掌握电视制式
- 了解标清和高清的概念
- 掌握非线性编辑系统的基本工作流程

◎ 建议学时

上课 2 学时，上机 1 学时。

1.1 数字视频基本概念

按照视频信息的存储与处理方式不同，视频可分为模拟视频和数字视频两大类。模拟视频和数字视频都能通过播放设备呈现出高质量的画面，但两者的工作原理存在本质区别。

1.1.1 模拟视频与数字视频

1. 模拟视频

模拟视频是指每一帧图像都是实时获取的自然景物的真实图像信号。电视、电影都属于模拟视频的范畴。模拟视频信号具有成本低、还原性好等优点，视频画面往往会给人一种身临其境的感觉。但它的最大缺点是不论被记录的原始图像信号有多好，经过长时间的存放之后，其信号和画面的质量将大大降低；经过多次复制之后，画面的失真就会很明显。

2. 数字视频

数字视频是基于数字技术记录视频信息的。数字视频先用数字摄像机等视频捕捉设备，将外界影像的颜色和亮度等信息转变为电信号，再记录到存储介质。数字摄像机如图 1.1 所示。

■ 图 1.1 数字摄像机

模拟视频信号可以通过视频采集卡将模拟视频信号进行 A/D（模 / 数）转换，将转换后的数字信号采用数字压缩技术存入计算机存储器中就成为了数字视频。与模拟视频相比它有如下特点：

- 数字视频可以不失真地进行多次复制；
- 数字视频便于长时间地存放而不会有任何的质量变化；
- 可以方便地进行非线性编辑并可添加特效效果等；
- 数字视频数据量大，在存储与传输的过程中必须进行压缩编码。

1.1.2 数字视频中的媒体元素及其特征

在数字视频中包含了多种媒体元素，主要有文本、图形、图像、音频、动画和视频这六种类型。

1. 文本

文本（text）既可以在文本编辑器中编辑，也可以在一些媒体处理软件中进行编辑，如在 Photoshop 软件中可以设置图像的文字形式，在 Premiere 软件中可以为视频添加字幕等。

文本可以独立存储也可以与其他媒体形式共存。如果是独立存储的文本信息，没有其他任何有关格式的信息，则称为非格式化文本文件或纯文本文件；而带有各种文本排版信息等格式信息的文本文件称为格式化文本文件，如带有字符、段落、页面格式等信息。在 Premiere 中，文本常常以标题或者字幕的方式存在，文本如图 1.2 所示。

■ 图 1.2　文本

2. 图形

图形（graphic）一般指用计算机绘制的画面，如直线、圆、圆弧、矩形、任意曲线和图表等。图形的格式是一组描述点、线、面等几何图形的大小、形状、位置及维数的指令集合。如 line（xl，y1，x2，y2，style，color），表示根据两个点可以绘制出一条直线，且可以指定直线的风格和颜色。图形文件中只记录生成图的算法和图上的某些特征点，因此也称矢量图。

图形的最大优点在于可以分别控制处理图中的各个部分，如在屏幕上移动、旋转、放大、缩小、扭曲而不失真，不同的部分还可在屏幕上重叠并保持各自的特性。由于图形只保存算法和特征点，因此占用的存储空间很小。但显示时需经过重新计算，因而显示速度相对慢些。在 Premiere 中，图形是作为矢量图形处理的，所以对图形进行矢量化操作时，不会产生失真。图形如图 1.3 所示。

■ 图 1.3　图形

3. 图像

图像（image）是指由输入设备捕捉的实际场景画面或以数字化形式存储的任意画面。静止的图像是一个矩阵，阵列中的数字用来描述构成图像的各个点（称为像素点 pixel）的强度与颜色等信息。这种图像也称为位图。

图像处理时要考虑三个因素：图像分辨率、颜色深度和图像文件大小。

图像分辨率是指每英寸图像内的像素数目，单位为 PPI（Pixels Per Inch）。对同样大小的一幅图，如果数字化时图像分辨率高，则组成该图的像素点数目就多，看起来就越逼真。

颜色或图像深度是指位图中记录每个像素点所使用的二进制位数。在图像分辨率一定的条件下，颜色深度越高，图像中可以容纳的颜色数或灰度级别就越多，图像的质量就会越好。颜色深度与颜色总数、图像种类的对应关系，如表 1.1 所示。

表1.1 颜色深度、颜色总数及图像类型的对应关系

颜色深度	颜色总数	图像类型
1	2	单色图像
4	16	索引 16 色图像
8	256	索引 256 色彩色图像
16	65 536	伪彩色（HI-Color）图像
24	16 672 216	真彩色（True-Color）图像

未经压缩的图像数据量可用下面的公式来估算：

$$图像数据量 = 图像的像素总数 × 颜色深度 /8（B）$$

4. 音频

音频（audio）分为波形声音、语音和音乐三种形式。

波形声音实际上已经包含了所有的声音形式，它可以将任何声音都进行采样、量化，相应的文件格式是 WAV 文件或 VOC 文件。语音也是一种波形，所以和波形声音的文件格式相同。音乐是符号化了的声音，乐谱可转变为符号媒体形式。

计算机音频技术主要包括声音的采集、数字化、压缩 / 解压缩及声音的播放。影响数字声音质量的主要因素有采样频率、量化位数和声道数。

采样频率：是将模拟声音波形转换为数字音频时，每秒所抽取声波幅度样本的次数，单位是 Hz（赫兹）。

量化位数（也称量化级）：是每个采样点能够表示的数据范围，经常采用的有 8 位、16 位、32 位（浮点）等。例如，8 位量化级表示每个采样点可以表示 256 个不同量化值，而 16 位量化级则可以表示 65 536 个不同的量化值。

声道数：记录声音时，如果每次生成一个声道数据，称为单声道；每次生成两个声波数据，称为立体声（双声道）。

可用以下公式估算未经压缩的声音数字化后每秒所需的存储量：

$$存储量 = 采样频率 × 量化位数 × 声道数 /8（B）$$

5. 动画

动画（animation）利用人的视觉暂留特性，将多幅静态图像进行连续播放。动画的连续播放，既指时间上的连续，也指内容上的连续，即播放的相邻两幅图像之间内容相差不大。计算机动画设计方法有"造型动画"和"帧动画"两种。

"造型动画"是对每一个运动的物体的各个组成部分分别进行设计，将其划分为不同的对象，赋予每个对象一些特征，如大小、形状、颜色等，然后用这些对象构成完整的帧画面。造型动画的每帧由图形、声音、文字、调色板等造型元素组成，控制动画中每一帧中图元表演和行为的是由制作表组成的脚本。"帧动画"则是由一幅幅位图组成的连续的画面，就像视频画面一样，要

分别设计每帧画面显示的内容。

6. 视频

视频（video）泛指将一系列静态影像以电信号的方式加以捕捉、记录、处理、存储、传送及重现的各种技术。视频具有时序性和丰富的内容，连续的图像变化每秒超过 24 帧（frame）画面以上时，根据视觉暂留原理，人眼无法辨别单幅的静态画面；看上去是平滑连续的视觉效果，这样连续的画面称为视频。视频图像来自录像带、摄像机等视频信号源的影像，如录像带、影碟上的节目、电视、摄像等。视频包括丰富的编码类型和视频文件格式，视频画面质量也会随着拍摄设备、撷取方式及存储方式的不同而不同。

1.1.3　视频信息的数字化

视频数字化过程就是将模拟视频信号经过采样、量化、编码后变为数字视频信号的过程。

高质量的原始素材是获得高质量最终视频产品的基础。数字视频的来源有很多，包括从家用级到专业级、广播级的多种素材，如摄像机、录像机、影碟机等视频源的信号，还有计算机软件生成的图形、图像和连续的画面等。可以对模拟视频信号进行采集、量化和编码的设备，一般由专门的视频采集卡来完成，然后由多媒体计算机接收、记录、编码形成数字视频数据。在这一过程中起主要作用的是视频采集卡，它不仅提供接口以连接模拟视频设备和计算机，而且具有把模拟信号转换成数字数据的功能。

1. 视频信息的获取

获取数字视频信息主要有两种方式：一种是将模拟视频信号数字化，即在一段时间内以一定的速度对连续的视频信号进行采集，然后将数据存储起来。使用这种方法，需要拥有录像机、摄像机及一块视频捕捉卡。录像机和摄像机负责采集实际景物，视频卡负责将模拟的视频信息数字化。另一种是利用数字摄像机拍摄实际景物，从而直接获得无失真的数字视频信号。

视频卡是指 PC 上用于处理视频信息的设备卡，其主要功能是将模拟视频信号转换成数字化视频信号或将数字信号转换成模拟信号。在计算机上通过视频采集卡可以接收来自视频输入端（录像机、摄像机和其他视频信号源）的模拟视频信号，对该信号进行采集、量化成数字信号，然后压缩编码成数字视频序列。大多数视频采集卡都具备硬件压缩的功能，在采集视频信号时首先在卡上对视频信号进行压缩，然后才通过 PCI 接口把压缩的视频数据传送到主机上。一般的视频采集卡采用帧内压缩的算法把数字化的视频存储成某些视频文件，高档一些的视频采集卡还能直接把采集到的数字视频数据实时压缩成 MPEG 格式的文件。录像机、多媒体计算机以及视频采集卡，多媒体设备如图 1.4 所示。

模拟视频输入端可以提供连续的信息源，视频采集卡要求采集模拟视频序列中的每帧图像，并在采集下一帧图像之前把这些数据传入计算机系统。因此，实现实时采集的关键是每一帧所需的处理时间。如果每帧视频图像的处理时间超过相邻两帧之间的相隔时间，就会出现数据的丢失，也即丢帧现象。采集卡都是把获取的视频序列先进行压缩处理，然后再存入硬盘，一次性完成视频序列获取和压缩，避免了再次进行压缩处理的不便。

录像机　　　　　　　　　　多媒体计算机　　　　　　　　　　视频采集卡

■ 图 1.4　多媒体设备

2. 视频数字化过程

视频数字化过程就是将模拟视频信号经过采样、量化、编码后变为数字视频信号的过程。

模拟信号的数字化过程为：

（1）采样

采样（sampling）指把时间域或空间域的连续量转化成离散量的过程。对图像的采样是按照像素的数量将完整的图像划分等分的像素块；对声音的采样是在模拟的波形文件中获得离散的采样点。

（2）量化

量化（quantization）是把经过采样得到的离散值用一组最接近的电平值来表示。

因为采样值的取值范围是无穷的，所以把对采样值的表示限定在一定范围之内，就要量化，按照量化级的划分方式分为均匀量化和非均匀量化。图像的量化是利用色彩空间理论对图像的颜色进行描述；声音的量化是对波形振幅的数值进行描述。

（3）编码

编码（encoding）是指用二进制数来表示媒体信息的方法。

多媒体信号经编码器编码后成为具有一定字长的二进制数字序列，并以这样的形式在计算机内存储和传输。由解码器将二进制编码进行信号还原进行多媒体信息的播放。

1.1.4　视频压缩标准

1. 运动图像压缩标准

MPEG 是 Moving Pictures Experts Group（运动图像专家组）的缩写，始建于 1988 年，从事运动图像编码技术工作。MPEG 下分三个小组：MPEG-Video（视频组）、MPEG-Audio（音频组）和 MPEG-System（系统组）。

MPEG 是系列压缩编码标准，既考虑了应用要求，又独立于应用之上。MPEG 给出了压缩标准的约束条件及使用的压缩算法。MPEG 包括 MPEG-1、MPEG-2、MPEG-4、MPEG-7、MPEG-21 压缩标准等。如图 1.5（a）、图 1.5（b）分别为使用 MPEG-1 和 MPEG-2 编码的视频内容。

（a）　　　　　　　　　　　　　　　（b）

■ 图 1.5　视频截图

（1）数字声像压缩标准 MPEG-1

MPEG-1 标准是 1991 年制定的，是数字存储运动图像及伴音压缩编码标准。MPEG-1 标准主要有三个组成部分，即视频、音频和系统。系统部分说明了编码后的视频和音频的系统编码层，提供了专用数据码流的组合方式，描述了编码流的语法和语义规则；视频部分规定了视频数据的编码和解码；音频部分规定了音频数据的编码和解码。

MPEG-1 标准可适用于不同带宽的设备，如 CD-ROM、Video-CD 和 CD-I。它主要用于在 1.5 Mbit/s 以下数据传输率的数字存储媒体。经过 MPEG-1 标准压缩后，视频数据压缩率为 20∶1~30∶1，影视图像的分辨率为 352 像素 / 行 ×240 行 / 帧 ×30 帧 / 秒（NTSC 制）或 360× 像素 / 行 ×288 行 / 帧 ×25 帧 / 秒（PAL 制）。它的质量要比家用录像体系（VHS-Video Home System）的质量略高。音频压缩率为 6∶1 时，声音接近于 CD-DA 的质量。

这个标准主要是针对 20 世纪 90 年代初期数据传输能力只有 1.4 Mbit/s 的 CD-ROM 开发的。因此，主要用于在 CD 光盘上存储数字影视、在网络上传输数字影视，以及存放 MP3 格式的数字音乐。

（2）通用视频图像压缩编码标准 MPGE-2

MPEG-2 标准是由 ISO 的活动图像专家组和 ITU-TS 于 1994 年共同制定的。是在 MPEG-1 标准基础上的进一步扩展和改进。主要是针对数字视频广播、高清晰度电视和数字视盘等制定的 4~9 Mbit/s 运动图像及其伴音的编码标准。MPEG-2 标准的典型应用是 DVD 影视和广播级质量的数字电视。MPEG-2 标准视频规范支持的典型视频格式为：影视图像的分辨率为 720 像素 / 行 ×480 行 / 帧 ×30 帧 / 秒（NTSC 制）和 720× 像素 / 行 ×576 行 / 帧 ×25 帧 / 秒（PAL 制）。MPEG-2 标准音频规范除支持 MPGE-1 标准的音频规范外，还提供高质量的 5.1 声道的环绕声。经过压缩后还原得到的声音质量接近激光唱片的声音质量。PAL 制式与 NTSC 制式视频画面截图，如图 1.6 所示。

720像素/行×576帧/行×25帧/秒（PAL制）　　720像素/行×480行/帧×30帧/秒（NTSC制）

■ 图1.6　不同制式的视频静帧画面

MPEG-2 的目标与 MPEG-1 相同，仍然是提高压缩率，提高音频、视频质量。采用的核心技术还是分块 DCT（Discrete Cosine Transform，离散余弦变换）和帧间运动补偿预测技术。但却增加了 MPGE-1 所没有的功能，如支持高分辨率的视频、多声道的环绕声、多种视频分辨率、隔行扫描以及最低为 4 Mbit/s，最高为 100 Mbit/s 的数据传输速率。

（3）低比特率音视频压缩编码标准 MPEG-4

MPEG-4 于 1992 年 11 月被提出并于 2000 年正式成为国际标准。其正式名称为 ISO 14496-2，是为了满足交互式多媒体应用而制定的通用的低码率（64 kbit/s 以下）的音频 / 视频压缩编码标准，具有更高的压缩比、灵活性和可扩展性。MPEG-4 主要应用于数字电视、实时多媒体监控、低速率下的移动多媒体通信、基于内容的多媒体检索系统和网络会议等，与 MPEG-1、MPEG-2 相比，MPEG-4 最突出的特点是基于内容的压缩编码方法。它突破了 MPEG-l、MPEG-2 基于块、像素的图像处理方法，而是按图像的内容如图像的场景、画面上的物体（物体 1、物体 2……）等分块，将感兴趣的物体从场景中截取出来，称为对象或实体。MPEG-4 便是基于这些对象或实体进行编码处理的。

为了具有基于内容方式表示的音视频数据，MPEG-4 引入了音视频对象 AVO（Audio Video Object）编码的概念。扩充了编码的数据类型，由自然数据对象扩展到计算机生成的合成数据对象，采用了自然数据与合成数据混合编码的算法。这种基于对象的编码思想也成为对多媒体数据库中音视频信息进行处理的基本手段。

相对于 MPEG-1、MPEG-2 标准，MPGE-4 已不再是一个单纯的音视频编码解码标准，它将内容与交互性作为核心，更多定义的是一种格式、一种框架，而不是具体的算法，这样人们就可以在系统中加入许多新的算法。除了一些压缩工具和算法之外，各种各样的多媒体技术，如图像分析与合成、计算机视觉、语音合成等也可充分应用于编码中。

（4）多媒体内容描述接口 MPEG-7

在 MPEG 已经制定的国际标准中，MPEG-1 用来解决声音、图像信息在 CD-ROM 上的存储；MPEG-2 解决了数字电视、高清晰度电视及其伴音的压缩编码；MPEG-4 用以解决在多媒体环境下高效存储、传输和处理声音图像信息问题。现有的标准中还没有能够解决多媒体信息定位问题的工具，也即多媒体信息检索的问题。

MPEG-7 被称为"多媒体内容描述接口（Multimedia Content Description Interface）"标准，它并不是一个音视频数据压缩标准，而是一套多媒体数据的描述符和标准工具，用来描述多媒体内容以及它们之间的关系，以解决多媒体数据的检索问题。MPEG-1、MPEG-2、MPEG-4 数据压缩与编码标准只是对多媒体信息内容本身的表示，而 MPEG-7 标准则是建立在 MPEG-1、MPEG-2、MPEG-4 标准基础之上，并可以独立于它们而使用。MPEG-7 标准并不是要替代这些标准，而是为这些标准提供一种标准的描述表示法。它提供的是关于多媒体信息内容的标准化描述信息，这种描述只与内容密切相关，它将支持用户对那些感兴趣的资料做快速而高效地搜索。所谓"资料"包括静止的画面、图形、声音、运动视频以及它们的集成信息等。

（5）MPEG-21 标准

MPEG-21 标准是 MPEG 专家组在 2000 年启动开发的多媒体框架（Multimedia Framework），制定 MPEG-21 标准的目的是：

- 将不同的协议、标准、技术等有机地融合在一起；
- 制定新的标准；
- 将这些不同的标准集成在一起。

MPEG-21 标准其实就是一些关键技术的集成，通过这种集成环境对全球数字媒体资源增强透明和增强管理，实现内容描述、创建、发布、使用、识别、收费管理、产权保护、用户隐私权保护、终端和网络资源抽取、事件报告等功能，为未来多媒体的应用提供一个完整的平台。

2. 视频会议压缩编码标准 H.26x

对视频图像传输的需求以及传输带宽的不同，CCITT 分别于 1990 年和 1995 年制定了适用于综合业务数字网（Integrated Service Network，ISDN）和公共交换电话网（Public Switched Telephone Network，PSTN）的视频编码标准，即 H.261 协议和 H.263 协议。这些标准的出现不仅使低带宽网络上的视频传输成为可能，而且解决了不同硬件厂商产品之间的互通性，对多媒体通信技术的发展起到了重要的作用。

（1）H.261

H.261 是由 ITU-TS 第 15 研究组于 1988 年为在窄带综合业务数字网（N-ISTN）上开展速率为 P×64 kbit/s 的双向声像业务（可视电话、会议）而制定的，该标准常称为 P×64 K 标准，其中 P 是取值为 1~30 的可变参数，P×64 K 视频压缩算法也是一种混合编码方案，即基于 DCT 的变换编码和带有运动预测差分脉冲编码调制（DPCM）的预测编码方法的混合。

H.261 的目标是会议电视和可视电话，该标准推荐的视频压缩算法必须具有实时性，同时要求最小的延迟时间。当 P 为 1 或 2 时，由于传输码率较低，只能传输低清晰度的图像，因此，只适合于面对面的桌面视频通信（通常指可视电话）。当 P ≥ 6 时，由于增加了额外的有效比特数，可以传输较好质量的复杂图像，因此，更适合于会议电视应用。

H.261 只对 CIF 和 QCIF 两种图像格式进行处理。由于世界上不同国家或地区采用的电视制式不同（如 PAL、NTSC 和 SECAM 等），所规定的图像扫描格式（决定电视图像分辨率的参数）也不同，因此，要在这些国家或地区间建立可视电话或会议内容业务，就存在统一图像格式任务的问题。H.261 采用 CIFQCIF 格式作为可视电话或会议电视的视频输入格式。

（2）H.263

H.263 是 ITU-T 为低于 64 kbit/s 的窄带通信信道制定的视频编码标准。其目的是能在现有的电话网上传输活动图像。它是在 H.261 基础上发展起来的，其标准输入图像格式可以是 S-QCIF、QCIF、CIF、4CIF 或者 16CIF 的彩色 4∶2∶0 取样图像。H.263 与 H.261 相比采用了半像素的运动补偿，并增加了 4 种有效的压缩编码模式：无限制的运动矢量模式；基于句法的算术编码模式；高级预测模式和 PB 帧模式。

虽然 H.263 标准是为基于电话线路（PSTN）的可视电话和视频会议而设计的，但由于它优异的编解码方法，现已成为一般的低比特率视频编码标准。

（3）H.264

H.264 是由 ISO/IEC 与 ITU-T 组成的联合视频组（JVT）制定的新一代视频压缩编码标准。H.264 的主要特点如下：

- 在相同的重建图像质量下，H.264 比 H.263+ 和 MPEG-4（SP）减小 50% 码率。

- 对信道时延的适应性较强，既可工作于低时延模式以满足实时业务，如会议电视等；又可工作于无时延限制的场合，如视频存储等。

- 提高网络适应性，采用"网络友好"的结构和语法，加强对误码和丢包的处理，提高解码器的差错恢复能力。

- 在编/解码器中采用复杂度分级设计，在图像质量和编码处理之间可分级，以适应不同复杂度的应用。

- 相对于先期的视频压缩标准，H.264 引入了很多先进的技术，包括 4×4 整数变换、空域内的帧内预测、1/4 像素精度的运动估计、多参考帧与多种大小块的帧间预测技术等。新技术带来了较高的压缩比。

使用 H.264 格式编码的 .MP4 视频截图如图 1.7 所示。

■ 图 1.7　H.264 格式视频

（4）H.265

国际电联（ITU）批准通过 HEVC/H.265 标准，标准全称为高效视频编码（High Efficiency Video Coding），相较于 H.264 标准有了相当大的改善。H.265 旨在有限带宽下传输更高质量的网络视频，仅需原先的一半带宽即可播放相同质量的视频。这也意味着，我们的智能手机、平板电脑等移动设备将能够直接在线播放 1 080 p 的全高清视频。H.265 标准也同时支持 4 K（4 096×2 160）和 8 K（8 192×4 320）超高清视频。

其优势还表现在：

● H.265/HEVC 提供了更多不同的工具来降低码率，H.265 的编码单位可以选择从最小的 8×8 到最大的 64×64；

● 在相同的图像质量下，相比于 H.264，通过 H.265 编码的视频大小将减少 39%~44%，H.265 标准在同等的内容质量上会显著减少带宽消耗；

● 在码率减少 51%~74% 的情况下，H.265 编码视频的质量还能与 H.264 编码视频近似甚至更好，其本质上说是比预期的信噪比（PSNR）要好；

● H.265 引入可变量的尺寸转换，以及更大尺寸的帧内预测块、更多的帧内预测模式减少空间冗余、更多空间域与时间域结合、更精准的运动补偿滤波器等手段，计算处理多核并行速度快，适应高清实时编码，其峰值计算量达 500 GOPS，其在性能与功能上远超出 H.264。

1.1.5　视频的文件格式

视频文件的使用一般与标准有关，例如 AVI 与 Video for Windows 有关，MOV 与 QuickTime 有关，而 MPEG 和 VCD 则是用自己的专有格式。

1. AVI 文件格式

AVI（Audio Video Interleaved）是一种将视频信息与同步音频信号结合在一起存储的多媒体文件格式。以"帧"作为存储动态视频的基本单位，在每一帧中，都是先存储音频数据，再存储视频数据。整体看起来，音频数据和视频数据相互交叉存储。播放时，音频流和视频流交叉使用处理器的存取时间，保持同期同步。通过 Windows 的对象链接与嵌入技术，AVI 格式的动态视频片段可以嵌入到任何支持对象链接与嵌入的 Windows 应用程序中。

2. MOV 文件格式

MOV 文件格式是 QuickTime 视频处理软件所选用的视频文件格式。它是 Apple 公司开发的一种音频、视频文件格式，用于存储常用数字媒体类型。QuickTime 具有跨平台（MacOS/Windows）、存储空间要求小等技术特点，而采用了有损压缩方式的 MOV 格式文件，画面效果较 AVI 格式要稍微好一些。有些非线性编辑软件也可以对它实行处理，其中包括 Adobe 公司的专业级多媒体视频处理软件 After Effect 和 Premiere 等。

3. MPEG 文件格式

是采用 MPEG 方法进行压缩的全运动视频图像文件格式，目前许多视频处理软件都支持该格式。MPEG 文件格式是运动图像压缩算法的国际标准，它采用了有损压缩方法，从而减少运动图像中的冗余信息。MPEG 的压缩方法说的更加深入一点就是保留相邻两幅画面绝大多数相同的部分，而把后续图像中和前面图像有冗余的部分去除，从而达到压缩的目的。目前 MPEG 主要压缩标准有 MPEG-1、MPEG-2、MPEG-4、MPEG-7 与 MPEG-21。

4. DivX 文件格式

这是由 MPEG-4 衍生出的另一种视频编码（压缩）标准，也就是通常所说的 DVDrip。它在采用 MPEG-4 的压缩算法同时又综合了 MPEG-4 与 MP3 各方面的技术，即使用 DivX 压缩技术对 DVD 盘片的视频图像进行高质量压缩，同时用 MP3 或 AC3 对音频进行压缩，然后再将视频与音频合成并加上相应的外挂字幕文件而形成的视频格式。这种视频格式的文件扩展名是".M4V"。

5. Microsoft 流式视频格式

Microsoft 流式视频格式主要有 ASF 格式和 WMV 格式两种，是一种在国际互联网上实时传播多媒体的技术标准。用户可以直接使用 Windows 自带的 Windows Media Player 对其进行播放。

（1）ASF（Advanced Streaming format）

该格式使用了 MPEG-4 的压缩算法。如果不考虑在网上传播，只选择最好的质量来压缩，则其生成的视频文件质量优于 VCD；如果考虑在网上即时观赏视频"流"，则其图像质量比 VCD 差一些。但比同是视频"流"格式的 RM 格式要好。ASF 格式的主要优点包括：本地或网络回放、可扩充的媒体类型、部件下载以及扩展性等。这种视频格式的文件扩展名是".ASF"。

（2）WMV（Windows Media Video）

该格式是一种采用独立编码方式且可以直接在网上实时观看视频节目的文件压缩格式。在同等视频质量下，WMV 格式的体积非常小，该文件一般同时包含视频和音频部分。视频部分使用 Windows Media Video 编码，音频部分使用 Windows Media Audio 编码，很适合在网上播放和传输。同样是 2 小时的 HDTV 节目，如果使用 MPEG-2 最多只能压缩至 30 GB，而是用 WMV 这样的高压缩率编码器，则在画质丝毫不降低的前提下可以压缩到 15 GB 以下。WMV 格式的主要优点包括：本地或网络回放、可扩充的媒体类型、部件下载、流的优先级化、多语言支持、环境独立性、丰富的流间关系以及扩展性等。这种视频格式的文件扩展名是".WMV"。

6. RealVideo 流式视频格式

RealVideo 是由 RealNetworks 公司开发的一种新型的、高压缩比的流式视频格式。主要用来在低速率的广域网上实时传输活动视频影像。可以根据网络数据传送速率的不同而采用不同的压缩比率，从而实现影像数据的实时传送和实时播放。虽然画质稍差，但出色的压缩效率和支持流式播放的特征，使其广泛应用在网络和娱乐场合。

（1）RM（Real Media）

RM 格式的主要特点是用户使用 RealPlayer 或 RealOne Player 播放器可以在无须下载音频 /视频内容的条件下实现在线播放。另外，作为目前主流网络视频格式，RM 格式还可以通过其 Real Server 服务器将其他格式的视频转换成 RM 视频，这种视频格式的文件扩展名是 ".RM"。

（2）RMVB（RealMedia Variable Bitrate）

RMVB 是一种由 RM 视频格式升级的新视频格式，可称为可变比特率（Variable Bitrate）的 RM 格式。它的先进之处在于改变 RM 视频格式平均压缩采样的方式，对静止和动作场面少的画面场景采用较低的编码速率；而在出现快速运动的画面场景时采用较高的编码速率。从而在保证大幅度提高图像画面质量的同时，数据量并没有明显增加。一部大小为 700 MB 左右的 DVD 影片，如果将其转录成同样视听品质的 RMVB 格式文件，则其数据量也就是 400 MB 左右。不仅如此，这种视频格式还具有内置字幕和不需要外挂插件支持等独特优点。如果想播放这种视频格式的文件，可以使用 RealOne Player 2.0 或 RealVideo 9.0 以上版本的解码器形式进行播放。这种视频格式的文件扩展名是 ".RMVB"。

7. FLV/F4V 格式

FLV 是 Flash Video 的简称，也是一种视频流媒体格式。由于它形成的文件较小、加载速度很快，使得网络观看视频文件成为可能，它的出现有效地解决了视频文件导入 Flash 后，使导出的 SWF 文件体积庞大，不能在网络上很好地使用等缺点，应用较为广泛。

F4V 是继 FLV 格式后 Adobe 公司推出的支持 H.264 的高清流媒体格式，它和 FLV 的主要区别在于，FLV 格式采用的是 H.263 编码，而 F4V 则支持 H.264 编码的高清晰视频，码率最高可达 50 Mbit/s。F4V 更小更清晰，更利于网络传播，已逐渐取代 FLV，且已被大多数主流播放器兼容播放，而不需要通过转换等复杂的方式。

1.2　数字视频理论基础

1.2.1　常用术语

为了更好地理解数字视频的工作原理，下面对于常用术语进行简要说明：

1. 帧

是指一幅静态的图像画面。

2. 帧频

每秒显示的帧数，对于 PAL 制式其帧频是每秒 25 帧。

3. 场频

指每秒所能显示的画面次数，单位为赫兹（Hz）。场频越大，图像刷新的次数越多，图像显示的闪烁就越小，画面质量越高。

4. 行频

是指电视机中的电子枪每秒在屏幕上从左到右扫描的次数，又称屏幕的水平扫描频率，以kHz为单位。行频越大可以提供的分辨率越高，显示效果越好。

5. 清晰度

一般是指在一秒钟内垂直方向的行扫描数和水平方向的列扫描数。

6. 扫描

在电视系统中，摄像端是通过电子束扫描，将图像分解成与像素对应的随时间变化的点信号，并由传感器对每个点进行感应。在接收端，则以完全相同的方式利用电子束从左到右、从上到下地扫描，将电视图像在屏幕上显示出来。扫描分为隔行扫描和逐行扫描两种。在逐行扫描中，电子束从显示屏的左上角一行接一行地扫描到右下角，在显示屏上扫描一遍就显示一幅完整的图像。

在隔行扫描中，电子束扫描完第 1 行后，从第 3 行开始的位置继续扫描，再分别扫描第 5，7，…，直到最后一行为止。所有的奇数行扫描完后，再使用同样的方式扫描所有的偶数行。这时才构成一幅完整的画面，通常将其称为帧。由此可以看出，在隔行扫描中，一帧需要奇数行和偶数行两部分组成，我们分别将它们称为奇数场和偶数场，也就是说，要得到一幅完整的图像需要扫描两遍。如图 1.8 所示，图像扫描中（a）为奇数场，（b）为偶数场，（c）为一副完整的图像。

（a）　　　　　　　　　　（b）　　　　　　　　　　（c）

■ 图 1.8　图像扫描

1.2.2　视频制式

所谓视频制式，实际上是一种电视显示的标准。在电视系统中，发送端将视频信息以电信号形式进行发送，电视制式是在其中实现图像、伴音及其他信号正常传输与重现的方法与技术标准。目前应用最为广泛的彩色电视制式主要有 NTSC、PAL、SECAM 三种类型。

1. NTSC 制式

NTSC（National Television System Committee，国家电视制式委员会）是 1953 年美国研制成功的一种兼容的彩色电视制式。它规定每秒 30 帧，每帧 526 行，水平分辨率为 240~400 个像素点，隔行扫描，扫描频率 60 Hz，宽高比例 4∶3。北美、日本等一些国家或地区使用这种制式。

2. PAL 制式

PAL（Phase Alternate Line，相位逐行交换）是联邦德国 1962 年制定的一种电视制式。它规定每秒 25 帧，每帧 625 行，水平分辨率为 240-400 个像素点，隔行扫描，扫描频率 50 Hz，宽高比例 4∶3。我国和西欧大部分国家都使用这种制式。

3. SECAM 制式

SECAM（Sequential Color Avec Memory，顺序传送彩色存储）是法国于 1965 年提出的一种标准。它规定每秒 25 帧，每帧 625 行，隔行扫描，扫描频率为 50 Hz，宽高比例 4∶3。不同制式比较如表 1.2 所示。

表 1.2　不同制式比较

制式	国家或地区	垂直帧数率（扫描线数）	帧数率（隔行扫描）
NTSC	美国、加拿大、韩国、日本等	525（480 可视）	29.97 帧 /s
PAL	中国、欧洲以及南美洲部分	625（576 可视）	25 帧 /s
SECAM	法国以及部分非洲	625（576 可视）	25 帧 /s

1.2.3　标清、高清、2 K 和 4 K

视频格式大致可以分为标清（SD）和高清（HD）两类，标清和高清是两个相对的概念，不是文件格式的差异，而是尺寸上的差别。

对于非线性编辑而言，标清格式的视频素材主要有 PAL 制式和 NTSC 制式。一般 PAL DV 的图像像素为 720×576，而 NTSC DV 的图像像素为 720×480。DV 的画质标准就能满足标清格式的视频要求。

高清就是分辨率高于标清的一种标准，通常可视垂直分辨率高于 576 线标准的即为高清，其分辨率常为 1 280 像素 ×720 像素或者 1 920 像素 ×1 080 像素，帧宽高比为 16∶9。高清的视频画面质量和音频质量都比标清要高。需要注意的是，高清视频应该采用全帧传输，也就是逐行扫描。区别逐行还是隔行扫描的方式是看帧尺寸后面的字母。高清格式通常用垂直线数来代替图像的尺寸，如 1 080 i 或者 720 p，就表示垂直线数是 1 080 或者 720。i 代表隔行扫描，p 代表逐行扫描。高清视频中还出现 i 帧，是为了向下兼容，向标清播放设备兼容。

2 K 和 4 K 标准是在高清之上的数字电影（Digital Cinema）格式，2 K 是指图片水平方向的线数，即 2 048 线（1 K=1 024），4 K 是指图片水平方向的线数为 4×1 024。它们的分辨率为 2 048 像

素 ×1 365 像素和 4 096 像素 ×2 730 像素。标清、高清、2 K 和 4 K 视频图像帧尺寸的对比图，不同视频图像的帧尺寸，如图 1.9 所示。

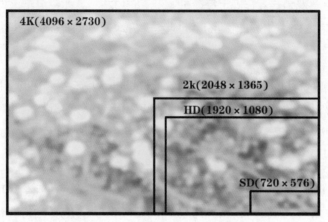

■ 图 1.9 不同视频图像的帧尺寸

1.3 数字视频编辑基础

1.3.1 线性编辑与非线性编辑

视频编辑的方法大体可以分为线性编辑和非线性编辑两类。

1. 线性编辑

线性编辑是以一维的时间轴为基础，并按照时间顺序从头至尾进行编辑的一种制作方式。线性编辑的过程就是使用放像机播放视频素材，当播放到需要的片段时就用录像机将其录制到磁带中；然后再播放素材继续找下一个需要的镜头，如此反复播放和录制，直至把所有需要的素材片断都按事先规划好的顺序录制下来。线性编辑控制器如图 1.10 所示。

■ 图 1.10 线性编辑控制器

线性编辑的优点是保护素材、降低成本、迅速准确地查找编辑点、自由编辑声音和图像。缺点是编辑过程烦琐，并且只能按照时间顺序进行编辑；线性编辑系统所需的设备较多，如放像机、录像机、特技发生器、字幕机，工作流程十分复杂，投资大，费时费力。

2. 非线性编辑

非线性编辑可以直接从计算机的硬盘中以文件的方式快速、准确地存取素材进行编辑。可以随意更改素材的长短、顺序，并可以方便地进行素材查找、定位、编辑、设置特技功能等操作。非线性编辑系统还具有信号质量高、制作水平高、节约投资、方便地传输数码视频，实现资源共享等优点。目前绝大多数的电视电影制作机构都采用了非线性编辑系统。

非线性编辑系统由硬件系统和软件系统两部分组成。硬件系统主要由计算机、视频卡或IEEE1394 卡、声卡、高速 AV 硬盘、专用芯片、带有 SDI 标准的数字接口及外围设备构成。图 1.11 为非线性编辑系统部分硬件设备。非线性编辑软件系统主要由非线性编辑软件及其他多媒体处理软件等外围软件构成。本书介绍的 Premiere Pro 就是一个主流的非线性编辑软件。

■ 图 1.11　非线性编辑部分硬件设备

1.3.2　非线性编辑系统的基本工作流程

非线性编辑系统的基本工作流程可以分为以下几个环节。

1. 新建或打开项目文件

启动非线性编辑软件后，可以选择新建或打开一个项目文件。若是新建项目还可以选择序列的视频音频标准和格式。

2. 采集或导入素材

项目中的素材可以是自己录制的原始素材或者收集的素材。

3. 创建序列

序列中包含视频部分和音频部分。为了保证序列的简洁有序，序列可以嵌套。

4. 组合和编辑素材

将要制作影片所需的素材，采集并导入到时间轴窗口上进行组合和编辑。

5. 添加字幕和图形

字幕和图形等矢量元素也可以放入非线性系统进行编辑。

6. 添加转场和特效

通过添加转场可使场景的衔接更加自然流畅。添加各种特效效果起到渲染作品的作用。

7. 混合音频

为作品添加音乐或配音等效果。利用"音频轨道混音器"可以实现各种音频的编辑和混合。音频素材还可以添加过渡和效果等来完善声音。

8. 输出影片

影片编辑完后可以输出到多种媒介上，如磁带、光盘等，还可以使用 Adobe 媒体编码器，对视频进行不同格式的编码输出。

1.4 应用实例——借助软件了解图像的数字化过程

本节将借助 Photoshop 这一图像处理软件，介绍对于空间域连续变化的模拟量，如何经过采样、量化、编码后转换为数字图像的过程。通过问题引导来介绍图像数字化过程。

图像的数字化过程

1. 问题：空间域连续变化的量如何转化为离散量？

分析：计算机只能处理二进制 0、1 这样的数字量，而图像是在空间域连续变化的模拟量，计算机是不能够直接处理的。所以图像数字化的第一步就是进行图像的采样。

思路：采样的实质就是要用多少像素点来描述一幅图像，采样结果质量的高低用图像分辨率来衡量。

方法：在 Photoshop 中放大图像，可以看到图像是由一个个像素点组成的，如图 1.12 所示。通过采样得到像素点的信息完成图像的采样。

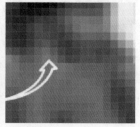

■ 图 1.12 放大图像局部

2. 问题：采样的像素点如何表示？

分析：采样得到像素点后，要使用多大范围的数值来表示这些像素点。

思路：采样后就要进行量化，确定使用多少位 0、1 二进制数来表示像素点信息，这就是量化的过程。量化的结果是图像能够容纳的颜色总数，它反映了采样的质量。使用图像深度（也称图像灰度、颜色深度）来表示数字位图图像中每个像素上用于表示颜色的二进制数字位数。颜色深度与表示的颜色数目对应关系，如表 1.3 所示。

表 1.3　颜色深度与表示的颜色数目

颜色深度	颜色总数	图像名称
1	2	单色图像
4	16	索引 16 色图像
8	256	索引 256 色图像
16	65 536	HI-Color 图像
24	16 672 216	True Color 图像

可见，若颜色深度为 n，则可以表示的颜色数量为 2^n。

方法：在 Photoshop 中，使用"颜色取样器工具"在图像上单击，在"信息"面板中可以看到该像素点的颜色信息值，如图 1.13 所示。

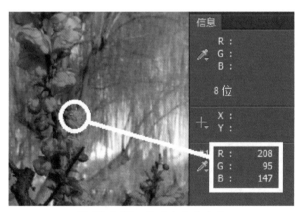

■ 图 1.13　像素点的信息值

3. 问题：图像文件大小如何计算？

分析：采样得到了图像的像素点，量化又知道了每个像素点用多少个二进制位去表示其颜色信息，那么未经压缩的数字图像的大小是可计算出来的。

思路：用字节表示图像文件大小时，一幅未经压缩的数字图像的数据量大小计算：

$$图像数据量大小 = 像素总数 \times 图像深度 \div 8$$

方法：在 Photoshop 中，进行一个验证性的实验，计算当前打开的图片的文件大小，如图 1.14 所示。打开"图像大小"对话框，可见图像的像素总数是 2 096×1 592，图像是 RGB 模式的且每个通道 8 位，即图像深度为 3×8=24。

所以：图像大小 =2 096×1 592×24÷8÷1 024÷1 024 MB=9.55 MB

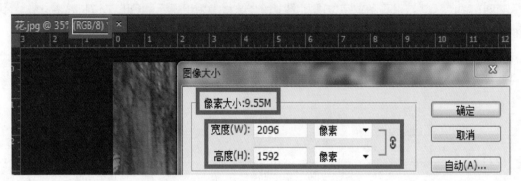

■ 图 1.14　计算图像大小

4. 问题：如何用二进制表示媒体信息？

分析：从图 1.14 计算图像大小可以看到，没有经过压缩的数字图像数据量是很大的，我们应该根据实际需要进行压缩编码，实现图像的传输与存储。

思路：使用编码压缩技术，已有许多成熟的编码算法应用于图像压缩。常见的有图像的预测编码、变换编码、分形编码、小波变换图像压缩编码等。

方法：将文件编码为指定文件格式。在 Photoshop 可中以在"保存"对话框的"保存类型"中保存为不同的文件类型。保存类型如图 1.15 所示。

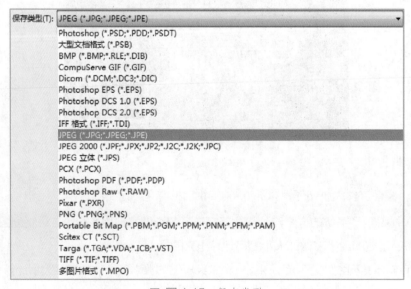

■ 图 1.15　保存类型

图 1.16 是将图像数字化的过程。模拟量经过采样、量化、编码后转变为数字量存储在计算机内部。

　　模拟量　　　　　　　　采样　　　　　　　　量化　　　　　　编码（数字量）

■ 图 1.16　图像数字化过程

习　　题

习题内容请扫下面二维码。

习题内容

第 2 章

视频编辑软件 Premiere Pro CC 简介

本章熟悉 Premiere 的工作界面；根据自己的使用习惯定制工作区，以提高编辑效率；掌握 Premiere 的工作流程。

学习要点

- 了解 Premiere Pro CC 的主要功能
- 了解 Premiere Pro CC 的工作界面
- 掌握常用面板的功能
- 掌握 Premiere Pro CC 的工作区的设置
- 掌握 Premiere Pro CC 的基本工作流程

建议学时

上课 2 学时，上机 1 学时。

2.1 视频编辑软件 Premiere Pro CC 概述

Premiere 是由 Adobe 公司开发是一款功能强大的视频编辑与制作软件，提供了采集、剪辑、调色与校色、音频处理、添加音频和视频效果、字幕设计、输出指定视频文件等一整套视频编辑流程。Premiere 具有较好的兼容性，提供了与多种软件的接口，各种软件间融会贯通，使得用户能够创作出高质量的影视作品。Premiere 可以通过 Adobe After Effects 实现 Adobe 动态链接联动工作，以此满足日益复杂的视频制作需求。

常用的 Premiere Pro 版本有很多等，本书所用版本为 Premiere Pro CC 2020。

2.1.1　Premiere Pro CC 的主要功能

Premiere Pro CC 提供了一整套标准的数字音频、视频编辑方法，以及多样化的音频、视频输出文件格式。Premiere Pro CC 的主要功能有以下几点。

1. 编辑素材

Premiere Pro CC 提供了大量的素材编辑工具、命令及编辑窗口，用户可以轻松实现视频、音频素材的编辑。"序列"窗口如图 2.1 所示，在"序列"窗口，使用多条视频轨道、音频轨道完成作品的剪辑。

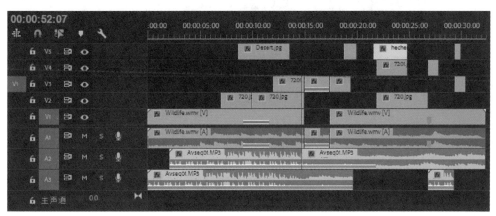

■ 图 2.1　"序列"窗口

2. 添加过渡效果

Premiere Pro CC 包括了音频过渡和视频过渡两大类过渡效果。可以为一个素材的首尾添加过渡效果，也可以在两个素材之间添加过渡效果。如图 2.2 所示，在两段素材间添加"带状滑动"过渡效果。

■ 图 2.2　过渡效果

3. 添加各种特效

Premiere Pro CC 提供了强大的视频、音频特效。可以对素材进行调色与校色、切换、合成视频、变形等多种特效处理。这些特效都可以单独或者混合使用，制作出多种特效效果。如图 2.3 所示，在文字中播放视频的内容。

■ 图 2.3　视频合成

4. 添加字幕

Premiere Pro CC 提供了多种创建字幕的方法，可以使用之前版本提供的"旧版标题"窗口，也可以使用高版本提供的"文本工具""基本图形编辑字幕""基本图形模板""开放式字幕"等功能。

可以方便地为字幕设置其变换、填充、描边等属性值。如图 2.4 所示，为字幕添加文字属性，并可以通过添加属性关键帧设置文字动画效果。

■ 图 2.4　添加字幕及文字效果

5. 编辑、处理音频素材

使用 Premiere Pro CC 也可以方便地对音频素材进行剪辑、添加特效，以及使用"音轨混合器"进行混音等操作。如图 2.5 所示，为影片进行配音。

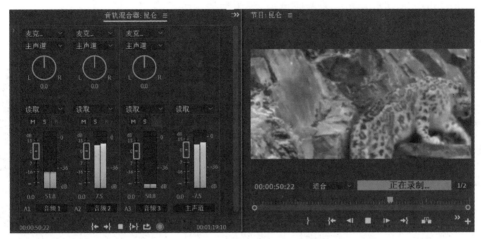

■ 图 2.5　音轨混合器

6. 多样化的影片输出格式

在 Premiere Pro CC 中，用户在编辑完成了一个项目文件之后，可以按照不同的用途将编辑好的内容输出为不同格式的文件。如图 2.6 所示，在 Premiere Pro CC 的"导出设置"对话框中可以选择不同的输出格式，并对其输出参数进行设置。

■ 图 2.6　"导出设置"对话框

2.1.2 Premiere Pro CC 界面概述

1. 初始界面

启动 Premiere Pro CC 2020，进入开始界面，如图 2.7 所示。

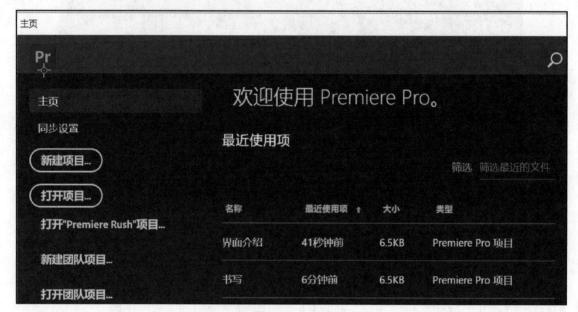

■ 图 2.7　欢迎界面

（1）"新建项目"：创建一个空的项目文件。Premiere Pro CC 的所有操作都是在项目中完成的，无论是什么版本，项目文件的扩展名都是 .prproj。

（2）"打开项目"：浏览驱动器中的文件，打开一个已经存在的项目文件。

（3）打开"Premiere Rush"项目：计算机必须登录 Adobe Creative Cloud 后，可以使用"团队项目"。

（4）"新建团队项目"和"打开团队项目"：新建一个支持多人处理的项目并允许多人处理同一项目。

（5）"最近使用项"：显示最近存储在存储器中的项目。

（6）"同步设置"：不打开项目，但允许用户在多台计算机上同步用户的首选项。

2. Premiere Pro CC 的工作区

随着 Premiere Pro 版本的不断升级，其工作界面的布局也更加合理和多样化。Premiere Pro CC 为用户提供了一种浮动的界面。当鼠标位于两个窗口之间的分界线或四个窗口间的对角位置时，可以拖动鼠标来同时调整多个窗口的大小。

Premiere Pro CC 默认的"编辑"工作区界面，如图 2.8 所示。界面整合了多个编辑面板，这些面板可以是独立的方式或者结组的方式进行布局。

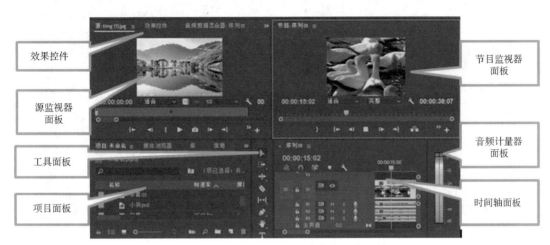

■ 图 2.8 Premiere Pro CC 默认的工作区界面

与其他 Adobe 软件的界面设置方法一样，在 Adobe Premiere Pro CC 中若需要打开某个面板，可以使用"窗口"菜单中的相应命令；单击面板右上方的按钮 ▾≡，在打开的弹出式菜单中可以对当前面板进行设置。

在系统菜单的下方有"组件""编辑""颜色"等多种工作区，这些内置好的工作区根据常用操作进行了分类，方便用户使用。用户可以根据自己的使用需要，将界面切换到不同的工作区。此外，单击"窗口 | 工作区"子菜单，也可以看到 Premiere Pro CC 提供的多种预置的工作区。系统内置工作区如图 2.9 所示。

■ 图 2.9 工作区

"颜色"工作区如图 2.10 所示，在面板右侧有"Lumetri 颜色"面板，可以直接在该面板进行调色、校色，同时所做的操作结果也直接反映到了"效果控件"面板中，可以结合"效果控件"做进一步的参数调整和关键帧的设置。

在切换工作区时，有时会造成机器的卡顿现象，这时可以用系统菜单"窗口 | 工作区 | 重置为保存的布局"将工作区重置。在"窗口"菜单中还包括"另存为新工作区"，允许用户自定义工作区并保存。其他和工作区有关的命令，如图 2.11 所示。

注意：保存项目并退出 Premiere Pro CC 后，当重新打开该项目，自定义的窗口布局也将被保存下来。

■ 图 2.10 "颜色"工作区

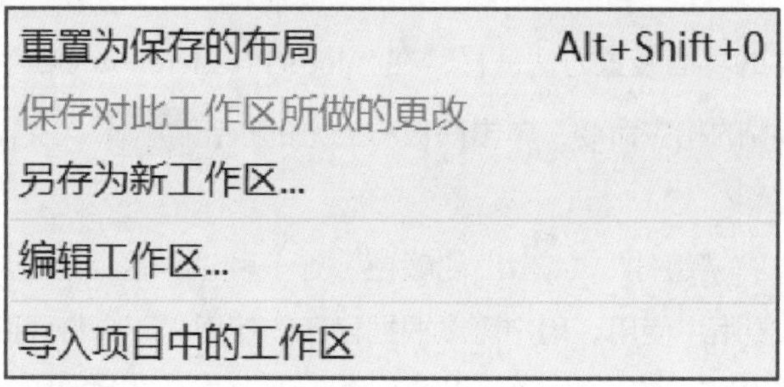

重置为保存的布局	Alt+Shift+0
保存对此工作区所做的更改	
另存为新工作区…	
编辑工作区…	
导入项目中的工作区	

■ 图 2.11 工作区命令

3. Premiere Pro CC 的常用面板

Premiere Pro CC 中包含了 20 余种面板，Premiere 的所有工作都是通过这些面板的协调工作来完成的。下面介绍一些常用的面板。

（1）"项目"面板

主要用于导入、存放和管理素材。"项目"面板分素材区和工具条区，如图 2.12 所示。只有导入到"项目"面板中的素材才可以被 Premiere Pro CC 编辑。

（2）监视器面板

监视器面板有左右两个，在默认的状态下，左边的是"源"监视器面板，右侧为"节目"监视器面板。双击"项目"面板中的素材，该素材将会在"源"监视器面板中打开。"源"素材监视器面板，用于播放和简单编辑原始素材，其工具按钮如图 2.13 左侧窗口所示。可以把在"源"素材监视器编辑好的内容以插入或覆盖的方式设置到"时间轴"面板中。"节目"监视器面板用于显示当前时间轴上各个轨道的内容叠加之后的效果，其工具按钮如图 2.13 右侧窗口所示。"节目"监视器面板用于对整个项目进行编辑和预览。

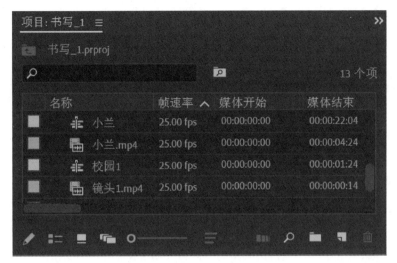

■ 图 2.12　"项目"面板

■ 图 2.13　"源"素材监视器面板工具按钮

（3）"时间轴"面板

　　"时间轴"面板是 Premiere Pro CC 最主要的编辑面板，在这里素材片断按照时间顺序在轨道上从左至右排列，并按照合成的先后顺序从上至下分布在不同的轨道上。如图 2.14 所示，视频和音频素材的大部分编辑操作以及大量效果的添加等操作都是在"时间轴"面板完成的。

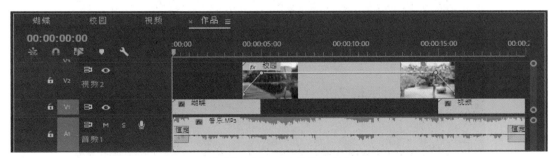

■ 图 2.14　"时间轴"面板

（4）"工具"面板

"工具"面板提供了若干工具按钮以方便编辑轨道中的素材片断。"工具"面板如图 2.15 左侧图所示。其中在工具按钮下方有小三角标志的，单击该标志可以打开工具箱组，如图 2.15 右侧图所示文字工具组。

■ 图 2.15 "工具"面板

（5）"效果"面板与"效果控件"面板

"效果"面板包括了预设的特效、音频效果与音频过渡、视频效果与视频过渡及 Premiere Pro CC 新增的 Lumetri Looks 特效等内容，如图 2.16 左侧图所示。为剪辑添加效果后，效果的参数设置往往需要在"效果控件"面板中进行进一步的设置，如图 2.16 右侧图所示。

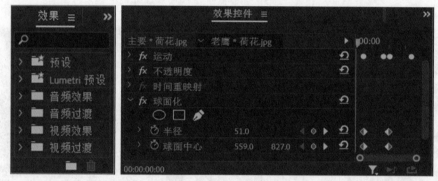

■ 图 2.16 "效果"面板与"效果控件"面板

（6）"字幕"面板

高版本的 Premiere 对字幕的功能进行了大量的扩充。在"字幕"面板可以设置字幕的内容、样式及字幕的入点出点位置等内容，"字幕面板"如图 2.17 所示。

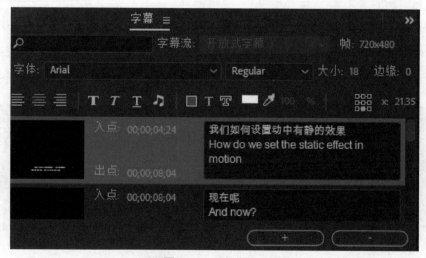

■ 图 2.17 "字幕"面板

（7）"Lumetri 颜色"面板与"Lumetri 范围"面板

Premiere Pro 提供了专业质量的颜色分级和颜色校正工具，它们集中在"Lumetri 颜色"面板中，包括基本校正、创意、曲线、色轮和匹配、HSL 辅助、晕影等功能模块，每个部分侧重于颜色工作流程的某些特定任务。

"Lumetri 范围"面板，可将亮度和色度的不同分析显示为波形，从而使得在分级剪辑时进行评估。"Lumetri 颜色"面板与"Lumetri 范围"面板如图 2.18 所示。

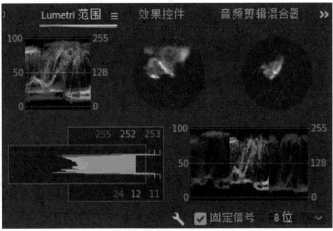

■ 图 2.18　"Lumetri 颜色"面板与"Lumetri 范围"面板

（8）"音轨混合器"面板

在"音轨混合器"面板中，可在听取音频轨道和查看视频轨道时调整设置。每条音频轨道混合器轨道均对应于活动序列时间轴中的某个轨道，并会在音频控制台布局中显示时间轴音频轨道。可使用音频轨道混合器直接将音频录制到序列的轨道中。在"音轨混合器"面板的上方可以为轨道添加多个效果并指定输出位置；中部可以调节声响平衡和音量；下方可以指定轨道属性和自动模式。"音轨混合器"面板如图 2.19 所示。

（9）"基本声音"面板

"基本声音"是一个多合一面板，提供了混合技术和修复选项等一整套工具集，适用于常见的音频混合任务。该面板提供了一些简单的控件，用于统一音量级别、修复声音、提高清晰度，以及添加特殊效果来帮助视频项目达到专业音频工程师混音的效果。Premiere Pro 将音频剪辑分类为"对话""音乐""SFX""环境"四大类。"基本声音"面板如图 2.20 所示。

■ 图2.19 "音轨混合器"面板

（10）"基本图形"面板

"基本图形"，面板用于创建图形剪辑。其主要功能包括创建字幕或标题，与旧版标题字幕设计器的功能类似；制作基于图层层次关系的文本和矢量，并完成位置响应设计、时间响应设计、对齐及变换和外观的设计等；制作矢量图形及蒙版，使用动态图形及模板，与 AE 联动等操作。"基本图形"面板如图 2.21 所示。

■ 图2.20 "基本声音"面板

■ 图2.21 "基本图形"面板

此外，还有"历史记录"面板、"库"面板、"元数据"面板等，将在后面的章节中讲解。

2.2　视频编辑软件 Premiere Pro CC 的基本工作流程

非线性编辑系统的基本工作流程遵循下面的一些常规步骤。

1. 新建或打开项目文件

启动非线性编辑软件后，可以选择新建或打开一个或多个项目文件。若是新建项目还可以选择序列的视频、音频标准和格式。

2. 采集或导入素材

可以使用"捕捉"面板，直接从摄像机或 VTR 捕捉素材。对于基于文件的资源，可以直接从计算机存储器中导入多种媒体格式的文件，包括视频、音频和静止图像等。

3. 组合和编辑剪辑

在将剪辑添加到序列之前，可以使用源监视器查看剪辑、设置编辑点及标记其他重要帧。在时间轴序列窗口中将要制作影片所需的素材，进行组合和编辑。可以使用"工具"面板中的工具处理"时间轴"面板中的剪辑，或者利用专门的修剪监视器来微调各剪辑之间的剪切点。通过嵌套序列还可以创造出更加复杂、绚丽的视频效果。

4. 添加字幕

借助 Adobe Premiere Pro 中的基本图形面板，可以直接在视频上轻松创建标题字幕。文本、形状等矢量元素可以作为独立图层进行操作，用户可以将字幕保存为动态图形模板，以便重新使用和共享。利用"字幕"面板可以快捷地完成大量字幕的输出。

5. 添加过渡和效果

"效果"面板包括大量的视频、音频过渡效果和视频、音频效果。为剪辑添加效果后，可使用"效果控件"面板调整这些效果所包含的参数。通过添加过渡效果可使场景的衔接更加自然流畅。添加各种效果起到渲染作品的作用。

6. 混合音频

为作品添加音乐或配音等效果。对于基于轨道的音频调整，音轨混合器可模拟一个全功能音频混合板，提供完整的淡化和声像滑块、发送及效果。

7. 输出影片

影片编辑完后可以输出到多种媒介上：如磁带、DVD、蓝光光盘或影片文件。使用 Adobe Media Encoder，可根据观众的需求自定义 MPEG-2、MPEG-4、FLV 及其他编解码器和格式的设置。

2.3 应用实例——定制个性化的工作区

按照自己的使用习惯定制个性化的工作区，不仅使用起来得心应手，而且能提高编辑效率。本实例基于已有的"编辑"工作区，自定义一个"我的天地"工作区并将其保存，便于以后复用。

定制个性化
的工作区

1. 面板分区

首先要掌握面板功能区的划分。每个面板都由两个功能区组成，如图 2.22 所示。蓝色上、下、左、右四个边框区称为"停靠区"。四个"停靠区"的中间矩形区域称为"分组区"。

当拖动浮动面板至当前面板的停靠区时，释放鼠标左键，浮动面板会根据停靠位置放置在当前面板的旁边，两个面板是平级的并列关系。

■ 图 2.22　面板分区

停靠区如图 2.23 所示，将"节目"监视器面板拖动至"源"监视器面板的右侧停靠区。

■ 图 2.23　停靠区

拖动浮动面板至分组区，然后释放鼠标，这时可以看到"节目"监视器面板和"源"素材监视器面板出现在了同一个分组中，如图 2.24 所示。要改变同一个分组内部的面板顺序，可以用鼠标拖动面板名称，进行移动。

■ 图 2.24　分组区

2. 系统界面边缘分区

Premiere 工作区的四周，绿色的上、下、左、右四个边框区称为"边缘区"，如图 2.25 所示。当浮动面板拖至"边缘区"，释放鼠标，面板将处于整个工作区的四周边缘。

■ 图 2.25　边缘区

如图 2.26 所示，将"节目监视器"面板拖至"下边缘区"的效果。

3. 打开已有"编辑"工作区

打开系统自带的"编辑"工作区，将工作区中暂时不用的面板关闭。

关闭某个面板，单击面板右侧的面板菜单开启按钮，单击"关闭面板"命令，如图 2.27 所示。

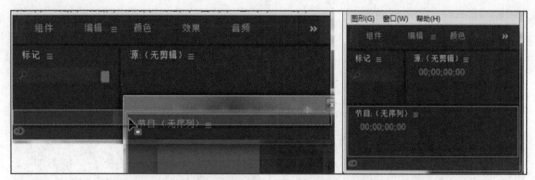

■ 图 2.26 下边缘区

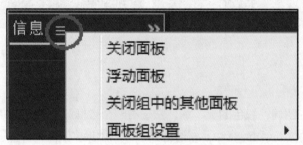

■ 图 2.27 面板功能命令

保留的常用面板有"源"素材监视器、"节目"监视器、"效果控件""项目""媒体浏览器""效果""时间轴""工具""音频仪表""标记"等，如图 2.28 所示。

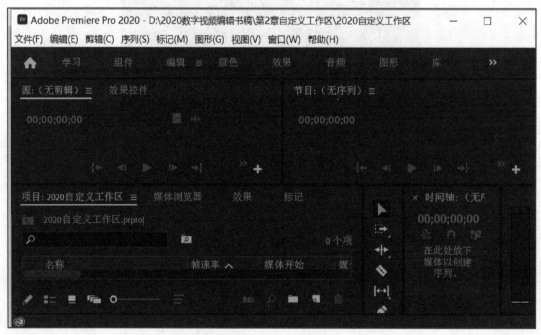

■ 图 2.28 工作区

4. 组织已打开的面板

拖动各个面板名称栏的位置，就可以使其成为浮动面板，将已经打开的面板重新按照使用习惯进行组织。

将"项目""效果""效果控件"面板拖动至一个面板组中；将"媒体浏览器"放置于"项目"面板组的右侧；将"源"素材监视器和"目标"监视器放置于同一个面板组；将"标记"放置于整个工作区的右侧；工作区的下方是"工具""时间轴""音频仪表"，如图 2.29 所示。

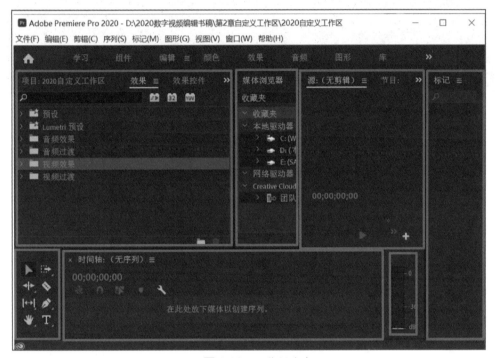

■ 图 2.29　工作区分布

5. 组织新打开的面板

视频编辑离不开调色、校色，所以把"Lumetri 颜色"和"Lumetri 范围"面板打开。单击系统菜单"窗口 |Lumetri 颜色"和"窗口 |Lumetri 范围"。将"Lumetri 颜色"和"标记"放置在同一个组中；将"Lumetri 范围"与"项目"放置在同一个组中。

使用文字时，会用到"基本图形"面板，将其打开并放置在"标记"组中。处理音频时常用"基本声音"，也将其打开并放置在"标记"组中，如图 2.30 所示。

6. 保存工作区

单击系统菜单"窗口 | 工作区 | 另存为新工作区"，命名为"我的天地"，如图 2.31 所示。

同时，系统工作区名称中也有了"我的天地"工作区。

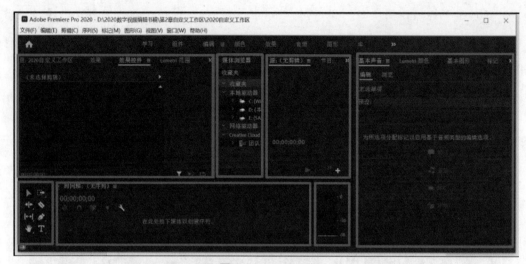

■ 图 2.30 组织工作区

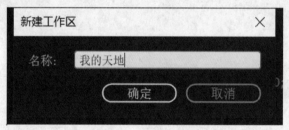

■ 图 2.31 保存工作区

7. 使用自定义工作区

打开项目，在系统菜单"窗口 | 工作区"选择"我的天地"工作区，如图 2.32 所示。

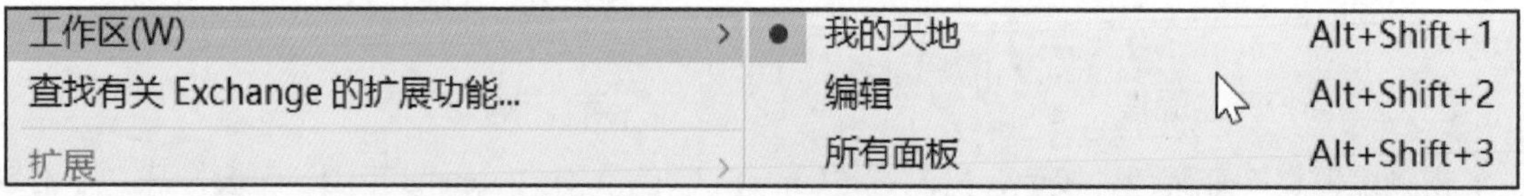

工作区(W)	>	●	我的天地		Alt+Shift+1
查找有关 Exchange 的扩展功能...			编辑		Alt+Shift+2
扩展	>		所有面板		Alt+Shift+3

■ 图 2.32 选择新定义工作区

或者在系统菜单项下选择"我的天地"工作区，如图 2.33 所示。

■ 图 2.33 工作区

在自己的工作区下就可以继续完成项目的编辑了，如图 2.34 所示。

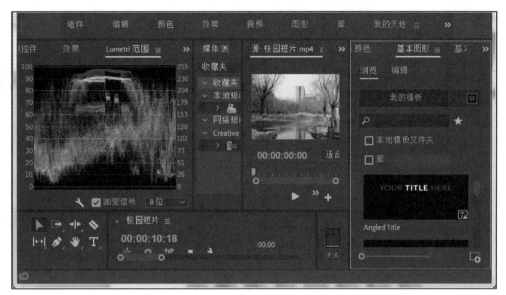

■ 图 2.34　使用新定义的工作区

习　　题

习题内容请扫下面二维码。

习题内容

第3章

项目文件与序列

Premiere 的所有编辑工作都是在项目文件中完成的。本章将学习项目文件的操作；项目素材的导入与管理；序列的创建、重构、嵌套等内容。

学习要点

- 掌握项目文件的操作
- 掌握素材的导入方法
- 掌握在"项目"面板组织和管理剪辑
- 掌握序列的创建与设置
- 掌握序列的嵌套原则

建议学时

上课 2 学时，上机 2 学时。

3.1 Premiere Pro CC 项目文件与项目素材

使用 Premiere 进行视频编辑，首先需要创建项目，项目中包含序列和相关素材。

3.1.1 项目文件的操作

项目文件又称为工程文件，是扩展名为".prproj"的文件。所有的视频编辑内容都是在项目中完成的。项目文件中保存已经导入的所有素材的链接，所以如果删除项目中导入的素材，并不会物理上删除素材。如果改变了素材在磁盘上的存储位置，项目就会提示链接找不到，需要做一些相应的处理。

1. 新建项目

Premiere 新建项目文件的方法有两种：一种是在欢迎使用界面中新建项目文件，另一种是在进入工作界面后，使用系统菜单命令的方式新建项目文件。

（1）启动 Premiere Pro CC 后将出现欢迎屏幕，如图 3.1 欢迎界面所示，单击"新建项目"选项创建一个新项目。

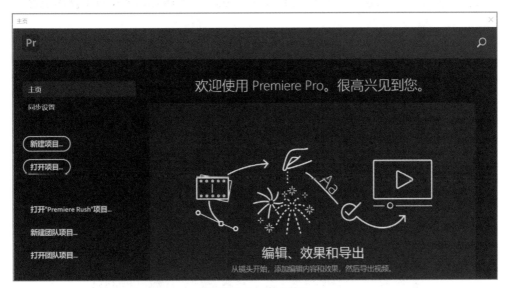

■ 图 3.1　欢迎界面

（2）如果系统正在运行一个项目，则可以通过菜单"文件 | 新建 | 项目"命令，来创建一个新项目。

（3）新建项目与项目设置。

在欢迎界面中单击"新建项目"按钮后就进入到"新建项目"对话框，在"常规"选项卡中可以设置视频和音频的显示格式和采集格式等内容，如图 3.2 所示。其中：

- 名称：为项目起名。
- 位置：设置存储项目的位置。
- 视频渲染和回放：选择计算机驱动识别出来的显卡，可以加速处理视频。
- 视频显示格式：可以选择时间码或帧数。

"时间码"视频显示默认格式，时间码是对视频的时、分、秒、帧进行计数的通用标准。不同的摄像机、录像机及非线性编辑系统都会采用此格式。

"英尺 + 帧 16 mm"和"英尺 + 帧 35 mm"都是利用胶片尺寸记录视频长度，以统计 16 mm 胶片或者 35 mm 的胶片，其中所含的英尺数加最后一英尺的帧数来测量时间。

"画框"应该汉化时翻译为"帧"，仅仅统计视频的帧数。

- 音频显示格式：可以选择音频采样和毫秒。

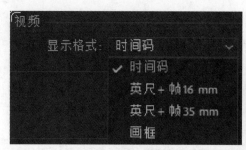
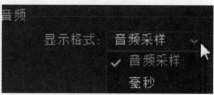

■ 图 3.2　视频、音频格式设置

● 捕捉格式：可以选择所要采集视频和音频的格式，包括 DV 和 HDV，如图 3.3 所示。

■ 图 3.3　捕捉格式

在"暂存盘"选项卡中分别设置采集视频、采集音频、视频预览及音频预览的暂存盘路径，如图 3.4 所示。在"收录设置"选项卡中可以对 Premiere 收录选项进行设置。设置完成后单击"确定"按钮。

2. 打开项目、保存项目及关闭项目

（1）利用菜单"文件 | 打开项目"：打开已有的项目。打开一个已有的项目将进入 Premiere Pro CC 的工作界面。

（2）利用菜单"文件 | 保存""另存为""保存副本"：可分别将项目进行保存、另存为、或保存为一个副本。项目文件的文件类型为".prproj"。

（3）利用菜单"文件 | 关闭项目"：将当前项目关闭并返回到欢迎界面。

Premiere Pro CC 2018 以后的版本增加的一个重要功能是支持编辑多个开放项目。Premiere Pro 允许同时在多个项目中打开、访问和工作。可以随心所欲地编辑项目，并轻松将项目的一部分复制到另外一个项目中。如图 3.5 所示，打开多个项目文件。

■ 图 3.4　"暂存盘"选项卡

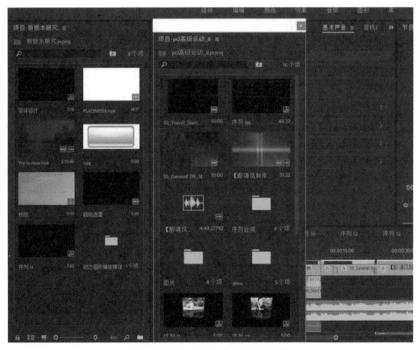

■ 图 3.5　打开多个项目文件

3.1.2　项目素材的导入与管理

新建的项目都是一个空白项目，用户可以根据实际需要将要使用的素材导入到项目中，并合理地组织这些素材，为之后的视频编辑做好准备。

常用的素材导入方法有两种：一种是使用"导入"命令导入，另一种是使用"媒体浏览器"导入。

1. 导入素材

导入的素材包括：素材、文件夹、项目文件等内容。

（1）使用"导入"命令导入素材

选择菜单"文件 | 导入"命令或直接在"项目"窗口的空白处双击，将打开"导入"对话框，如图 3.6 所示。

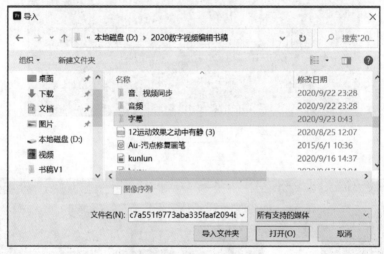

■ 图 3.6　"导入"对话框

①导入单个文件：选中某文件，然后单击"打开"按钮。

②导入多个不连续的文件：按住【Ctrl】键逐个单击各个文件，然后单击"打开"按钮。

③导入多个连续的文件：单击第一个文件后，按住【Shift】键再单击最后一个文件，然后单击"打开"按钮。

④导入某文件夹：选中某文件夹，然后单击"导入文件夹"按钮。

⑤导入 Photoshop 文件：对于分层的 .psd 文件，将打开"导入分层文件"对话框，用户可以选择导入的方式：合并所有图层、合并选择的图层、各个图层、序列等，如图 3.7 所示。

⑥导入项目文件：选中某项目文件（.prproj），然后单击"打开"按钮。

使用命令进行导入，适合导入独立的素材资源，如导入视频文件、音频文件等。也适合于知道要导入的素材在存储器中确切的存储位置。但这种方法不适合导入基于文件的摄像机素材，因为这类素材通常使用复杂的文件夹结构，里面包含视频、音频、元数据、RAW 媒体文件等。这时可以使用"媒体浏览器"面板来导入。

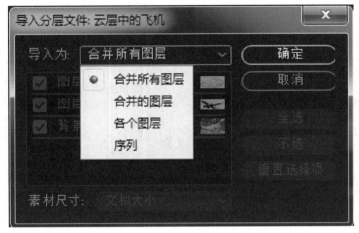

■ 图 3.7 导入 Photoshop 文件

（2）使用"媒体浏览器"导入素材

① "媒体浏览器"面板

在"媒体浏览器"面板中可以浏览媒体资源，如图 3.8 所示。左侧可以浏览导航文件夹，右侧是该文件夹中所包含的内容。在"媒体浏览器"选中媒体素材，按键盘上的【L】键可以播放该剪辑，其视频部分和音频部分都可以播放；按【K】键可以停止播放；按【J】键可以倒放剪辑。

■ 图 3.8 媒体浏览器

如图 3.8 所示，下方有"列表"视图、"图标"视图及"缩放图标"滑杆。

上方 是"前进""后退"按钮,用来向前或向后查看浏览位置。 □ 收录 勾选"收录"复选框后,利用扳手工具按钮设置其选项。"文件类型筛选器" 用于筛查指定类型的文件,可供筛查的文件类型,如图3.9所示。

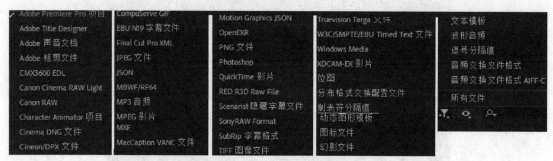

■ 图3.9 文件类型筛选选项

"目录查看器" ,可以用来查看指定类型的目录,如图3.10所示。选择了"Premiere Pro项目"。

■ 图3.10 目录类型

在"搜索框"输入文本,查找指定文件名称的剪辑,如图3.11所示。

■ 图3.11 搜索框

② "媒体浏览器"导入素材

如果要导入另外一个项目中的素材，可以使用"媒体浏览器"在这个项目中浏览，找到项目文件后双击，可以查看其内容。也可以选择这些剪辑或者序列，在快捷菜单中选择"导入"命令将其导入到当前正在编辑的项目文件中。如图 3.12 所示，选中"音视频同步 .prproj"项目文件中的"武术操"序列，并选择快捷菜单中的"导入"命令。

■ 图 3.12 从媒体浏览器导入素材

导入的"武术操"序列以及该序列所包含的剪辑文件都将出现在正在编辑的"导入 .prproj"项目文件中。如图 3.13 所示，除了有导入的"武术操"序列，还有其包含的剪辑："武术操 .mp4"和"小哪吒 .mp3"都被导入到当前项目文件中。

■ 图 3.13 "导入"对话框

也可以在"媒体浏览器"选中要导入的剪辑，将其拖动到"项目"面板的空白区域，来导入剪辑。

如果导入的是项目文件，系统会打开"导入项目"对话框。按照操作需要，选择相关内容进行导入，如图 3.14 所示。

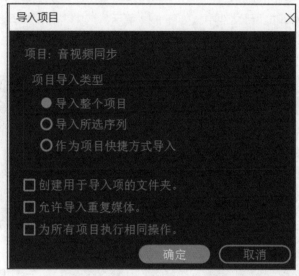

■ 图 3.14 "导入项目"对话框

2. 素材管理

项目素材的管理在"项目"面板完成，"项目"面板也常称为"项目管理器窗口"。

（1）"项目"面板

"项目"面板主要用于导入、存放和管理素材，如图 3.15 所示。

■ 图 3.15 "项目"面板

"项目"面板下方工具条中的工具按钮的名称和作用，如表 3.1 所示。

表 3.1　"项目"面板工具条中各按钮及其作用

序号	图标	名　　称	作　　用
1		列表视图	素材以列表的方式进行显示
2		图标视图	素材以图标的方式进行显示
3		自由变换视图	素材以大图标的方式显示
4		缩小与放大视图	可以缩小或者放大视图
5		排列图标	按照不同的分类方式将图标进行排列
6		自动匹配到序列	可将多个素材自动匹配到时间线窗口中
7		查找	用于素材的查找
8		新建素材箱	用于新建文件夹，实现对不同类型的文件进行分类管理
9		新建项	将产生级联菜单，可以选择新建序列、脱机文件、字幕、彩条、黑场、彩色蒙版、倒计时向导及透明视频等不同类型的文件，新建的文件将自动出现在素材区
10		清除	删除素材
11		可写状态	项目为可编辑状态
12		项目只读	项目为只读状态

（2）设置素材显示方式

单击"项目"面板下方工具条中的"列表视图"按钮，素材将以列表的方式显示；单击"图标视图"按钮，素材将以图标的方式进行显示。如图 3.16 所示。

■ 图 3.16　"列表"视图方式和"图标"视图方式

（3）使用素材箱

使用"新建素材箱"按钮，可以分门别类的整理"项目"面板中的素材。其使用方法与"资源管理器"中文件夹的使用方法一样。如图 3.17 所示，将所有的素材中与片头有关的内容放入"片头"素材箱中；所有与片尾有关的内容放入"片尾"素材箱中。

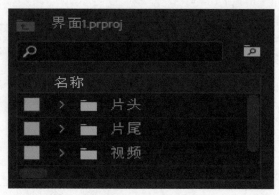

■ 图 3.17　素材箱

（4）查找素材

单击"查找素材"按钮 ，打开"查找"对话框，进行查找条件的设置，如图 3.18 左侧图所示；或者在"项目"面板上方的搜索框中输入要查找的内容，如图 3.18 右侧图所示。

■ 图 3.18　搜索框查找

如果要查找"项目"面板中媒体文件所存储的位置，可以在"项目"面板选中文件，利用快捷菜单中的"在资源管理器中显示"命令，系统将打开 Windows 的资源管理器，并高亮度地显示要找的素材，如图 3.19 所示。

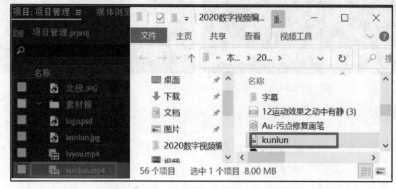

■ 图 3.19　在资源管理器显示素材

（5）设置标识帧

在"项目"面板使用"图标视图"的显示方式，当鼠标移动经过某视频素材时，上下或者左右移动鼠标，就可以预览视频的内容。很多视频素材的第一帧是黑场，可以预览到自己感兴趣的一帧画面，利用快捷菜单中的"设置标识帧"命令，将视频画面设置为素材的标识帧，如图 3.20 所示。

■ 图 3.20　设置标识帧

使用"设置标识帧"命令，可以方便用户快速了解素材内容。

（6）新建项

单击"项目"面板下方工具条中的"新建项"按钮，利用弹出菜单可以新建序列、已共享项目、脱机文件、调整图层、字幕、彩条、黑场视频、颜色遮罩、HD 彩条、通用倒计时片头及透明视频等内容。

①序列：新建一个新的时间线序列；一个项目文件可以包含多个时间线序列。

②彩条：在制作节目时，常常在节目中加入若干秒的彩条和 1 kHz 的测试音，用于校准视频监视器和音频设备。彩条的视频与音频设置参数和最终效果，如图 3.21 所示。

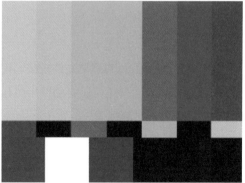

■ 图 3.21　彩条设置与效果

③黑场视频：创建与项目尺寸相同的黑色静态图片，其持续时间为 5 s，常用于做视频的黑色背景。

④通用倒计时片头：在正片开始前可以插入一个通用倒计时片头，用于校验音视频同步，并提醒正片即将开始。在进行了视频与音频参数设置后，打开"通用倒计时设置"对话框，如图 3.22 所示，所有的颜色都可以通过单击颜色块利用"拾色器"进行设置。

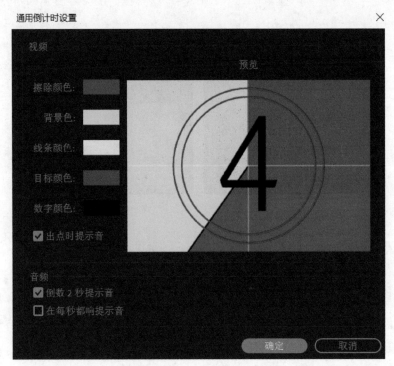

■ 图 3.22 通用倒计时片头

⑤透明视频：将透明视频添加到空轨道上，实现为空轨道添加效果。

⑥调整图层：可使用调整图层功能，将同一效果应用至时间轴上的多个剪辑，也可以为一个剪辑的部分内容设置效果。

3. 项目管理

当制作复杂项目时所用到的素材文件较多，可以使用"项目管理器"对项目文件打包，以减少其所占用的存储空间，同时还可以将项目素材与项目文件整合至一个文件夹中，避免项目在进行转存或传输时，项目素材链接丢失的发生。

单击"文件 | 项目管理"，打开"项目管理器"对话框，如图 3.23 所示。

（1）在"序列"区域选择所要保留的序列；

（2）在"生成项目"区域内设置生成项目的方式；

● 收集文件并复制到新位置：用于复制并整合所选序列中使用的素材。

● 整合并转码：整合素材，并可按照选定的格式进行转码。

（3）单击"计算"按钮可以估计项目文件的大小。

■ 图 3.23 "项目管理器"对话框

（4）单击"确定"按钮，在"项目路径"所示的文件夹中生成一个与项目名同名的"已复制_×××"文件夹或者"已转码_×××"文件夹，其中包含了所有项目素材和项目文件的内容。

4. 脱机文件和替换素材

脱机文件是当前并不存在的剪辑的占位符，可以记忆丢失的源素材信息。

（1）脱机文件

在视频编辑中如果遇到素材文件找不到时，不会破坏已编辑好的项目文件。脱机文件在"项目"面板中显示的媒体类型信息为问号，在"节目"监视器窗口中显示为媒体脱机信息，如图 3.24 所示。

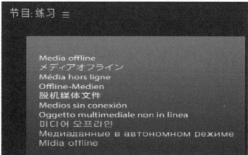

■ 图 3.24 脱机文件

脱机文件又称为离线文件，当打开一个项目文件时，系统将打开"链接媒体"对话框，提示缺少哪些素材，如图 3.25 所示。当源文件被改名、删除或者其存储位置发生变化时都会产生脱机文件。

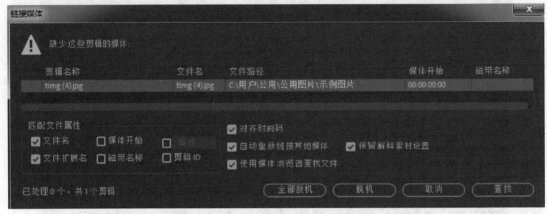

■ 图 3.25 "链接媒体"对话框

"链接媒体"对话框中的内容及含义：

● "自动重新链接其他媒体"：Premiere Pro 尝试在尽可能减少用户输入的情况下重新链接脱机媒体。如果 Premiere Pro 在打开项目时可以自动地重新链接所有缺失文件，则不会显示"链接媒体"对话框。

● "对齐时间码"：将媒体文件的原始时间码与要链接的剪辑的时间码对齐。

● "全部脱机"：除了已找到的文件，其他所有文件都会脱机。

● "脱机"：选择部分文件，然后单击"脱机"按钮，只有选定的文件会脱机。

● "取消"："链接媒体"对话框中列出的所有文件都会脱机。

● "查找"：打开"查找文件"对话框，最多可显示最接近查找文件所处层级的三个目录层级。

在项目编辑的过程中，随时可以在"项目"面板或"时间线序列"窗口选中脱机文件，在其快捷菜单中选择"链接媒体"命令，再次打开"链接媒体"对话框进行设置。

（2）替换素材

在视频编辑过程中，如果遇到脱机文件或者发现项目文件中有些素材不适合当前的效果，可以直接通过替换素材进行修改，无需对工程文件进行重新编辑，这样可以提高编辑效率。

在"项目"面板选中要替换的文件，利用快捷菜单中的"替换素材"命令，在打开的对话框中选中新素材，单击"选择"按钮，完成素材的替换。

注意：脱机文件也常作为缺失文件的占位符代替其工作，可对脱机文件进行编辑，但是必须在渲染影片之前使原始文件恢复在线内容。

3.2　序列的创建与重构

Premiere Pro CC 中所有对素材的编辑操作是在"序列"中完成。项目与序列的关系有些像我们所熟知的电子表格软件 Excel 中工作簿与工作表的关系，前者是文件，后者是文件的组成内容。

3.2.1　序列的创建

一个项目中可以有一个或多个序列，每个序列可以有不同的设置。用户可以选择能够尽量匹配原始媒体的设置，这样系统在播放剪辑时能够提升实时性能与质量。

1. 基于剪辑创建序列

Premiere 可以基于剪辑来创建自动匹配原始媒体的序列。这样创建的序列和媒体的设置一定是相同的，即具有相符性。

（1）在"项目"面板选中剪辑，将其拖动到面板下方的"新建项"按钮上，这样会创建一个与剪辑同名的新序列，而且具有匹配的帧大小和帧速率。

将"小兰.mp4"拖动至"新建项"按钮，在"时间轴"序列窗口产生一个"小兰"序列，同时在"项目"面板中也存放了该序列，如图 3.26 所示。

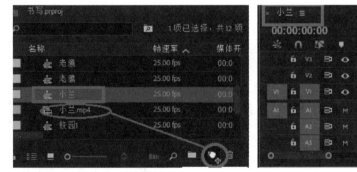

■ 图 3.26　创建序列

（2）如果当前的"时间轴"面板是空的，可以直接将剪辑拖放至该面板，也会创建一个具有匹配设置的序列。

2. 基于预设创建序列

利用"文件 | 新建 | 序列"命令，或者单击"项目"面板下方的"新建项"在其弹出的菜单中选择"序列"命令，在"新建序列"对话框中创建新序列并进行序列的设置。如图 3.27 所示，这里选择了"HDV 1080p25"选项，在对话框的"预设描述"中可以了解该格式所预置的参数含义。

■ 图 3.27　新建序列

　　"序列预设"选项卡中放置的是最常使用和支持的媒体类型。这些设置根据摄像机格式进行组织，文件夹是以录制格式命名的。摄像机通常使用不同的帧大小、帧速率、编解码器来记录视频。单击某个文件夹可以查看里面所包含的具体格式，如图 3.28 所示。Digital SLR 里面根据帧大小的不同有三个文件夹，每个文件夹内又根据帧速率进行了划分。

■ 图 3.28　序列预设

　　3. 基于自定义创建序列

　　如果预设的内容不能完全满足需要，可以利用"设置"选项卡来自行设置各种格式的视频、音频参数。可以将自己的设置保存成预设格式，以便日后使用。如图 3.29 所示，单击"保存预设"按钮。

　　4. "轨道"设置

　　单击"轨道"选项卡，可以设置序列中各视频音频轨道的数量、音频轨道的类型等内容，设置完成后单击"确定"按钮，如图 3.30 所示。

　　可以添加多条视频轨道和音频轨道。视频轨道不分类别，音频轨道分为"标准""5.1""自适应""单声道"等类别。有关音频轨道类型及应用将在第 10 章中详细介绍。

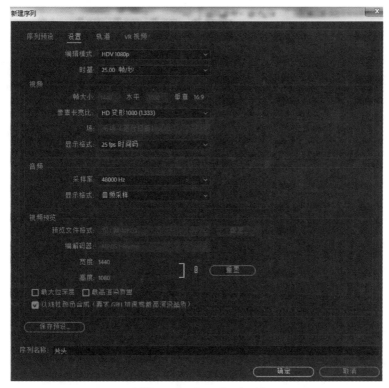

■ 图 3.29 "设置"选项卡

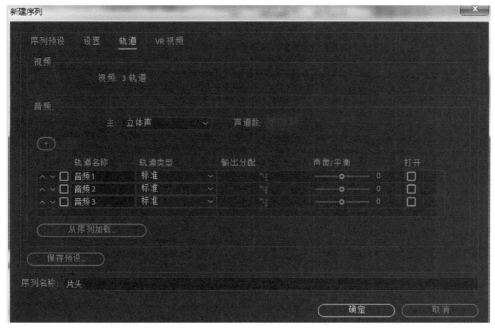

■ 图 3.30 "轨道"设置

视频编辑最终作品的内容就存在于各个"序列"中。

3.2.2 重构序列

Premiere Pro CC 2020 新增加了序列的重构功能。当完成视频项目的编辑后，可以自动重构视频以适应不同的长宽比。比如将一个原始是 4 ：3 的视频输出到手机等竖屏设备上，希望将长宽比改为 9 ：16，"自动重构"可智能识别视频中的动作，并针对不同的长宽比重构剪辑。

此功能非常适合用于将视频发布到不同的社交媒体平台上，效果如图 3.31 所示。

■ 图 3.31　重构序列前后效果对比

在"项目"面板中选择序列，然后单击"序列 | 自动重构序列"，或者在"项目"面板中右击该序列，然后在快捷菜单中选择"自动重构序列"命令。如图 3.32 所示。

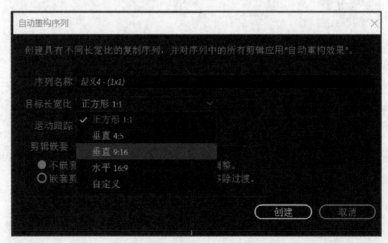

■ 图 3.32　自动重构序列

当自动重构在后台运行时，可以通过屏幕右下角的进度栏查看其分析进度。在"目标长宽比"中可以设置已有比值或者自定义比值，Premiere Pro 可生成使用新长宽比尺寸的复制序列。选择"剪辑嵌套"Premiere Pro 会将所有视频剪辑放置到嵌套中，然后使用原始剪切点和轨道分层，这样图形和音频就不会受到影响。通常存在带有需保留运动的复杂关键帧或者包含速度和持续时间调整的序列时会选择嵌套，但选择嵌套会移除过渡效果。

新序列中的每个剪辑都会应用"自动重构"效果。每个重构的序列都会在"项目"面板保存，并以与原始序列同名 +（尺寸比）的方式命名，如图 3.33 所示。

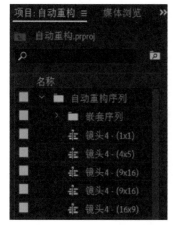

■ 图 3.33　在"项目"面板和"时间轴"面板显示自动重构序列

3.3　序列的管理与嵌套

Premiere Pro CC 的"时间轴"面板中可以同时存放若干个序列，即 Premiere Pro CC 支持多序列的操作。这些序列既可以相对独立地在"时间轴"面板中进行操作，同时序列又可以进行嵌套，制作出富有创意的作品。本节介绍序列的管理和序列的嵌套。

3.3.1　序列的管理

1. 打开与关闭序列

在"项目"面板中双击序列名称，序列将在"时间轴"面板被打开。单击"时间轴"面板序列名称前面的关闭× 片头 ≡按钮，将关闭序列。

2. 排列序列顺序

在"时间轴"面板利用鼠标拖动序列名称标签，可以改变序列在"时间轴"面板的排列顺序。

3. 删除序列

在"项目"面板选中要删除的序列，按【Delete】键或在其快捷菜单中选择"清除"命令。

3.3.2　序列的嵌套

新建序列后，序列会出现在"项目"面板中。序列也像普通素材一样可以被放置到其他的序列中，这种结构就是序列的嵌套。

1. 序列的嵌套原则

（1）序列不可以自我嵌套

不可以将序列 A 嵌套至序列 A 中。

（2）序列不可以循环嵌套

序列 A 嵌套了序列 B，序列 B 就不可以嵌套序列 A。

2. 序列的嵌套操作

（1）将序列 B 嵌套到序列 A 中。

方法：打开序列"B"，在"项目"面板直接将序列"A"拖动到"B"序列中，完成序列的嵌套，如图 3.34 所示。

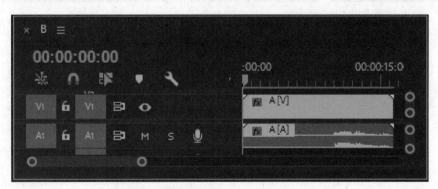

■ 图 3.34　序列嵌套

（2）将序列 A 的部分内容嵌套到序列 B 中。

方法：在"时间轴"面板打开序列 B；将序列 A 拖动到"源"素材监视器窗口，并设置其入点和出点，然后将其拖动到序列 B 中。也可以利用"源"素材监视器窗口的"插入"按钮 ▣ 或"覆盖" ▣ 按钮，将入点到出点间的内容嵌套至序列 B。

3. 修改嵌套序列

将序列 A 嵌套到序列 B 中，在序列 B 中直接双击序列 A 的内容，就会打开序列 A，直接对序列 A 进行内容的修改。同时，在序列 A 中修改的内容，也会在序列 B 中进行自动更新。

若删除了序列 A 的部分内容，其在序列 B 中的内容也会被删除，但其嵌入到序列 B 的长度不发生变化。如图 3.35 所示，删除了序列 A 的结尾部分内容，其嵌套到序列 B 的总长度不发生变化，删除的部分在轨道上标志为斜线部分。

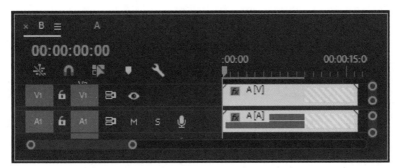

■ 图 3.35　修改序列嵌套

创建多序列的工作方式可以使整个视频编辑层次清晰、分工明确、便于合作，有效地避免了将很多剪辑放置于一个序列中的复杂局面；同时，利用序列的嵌套操作，可以重复使用某些序列的内容，避免了大量的重复工作。

3.4　应用实例——创建"美丽校园"项目

实验的主要操作有：创建项目文件并导入素材；在"项目"窗口分门别类地组织剪辑；新建序列，插入剪辑，学习脱机文件的使用。

创建"美丽
校园"项目

1. 新建项目文件

新建项目文件启动 Premiere Pro CC，在欢迎界面选择"新建项目"，进入"新建项目"窗口进行参数设置。将"视频显示格式"设置为"时间码"；将"音频显示格式"设置为"音频采样"；将"捕捉格式"设置为"DV"；项目名称为"美丽校园"。设置如图 3.36 所示。

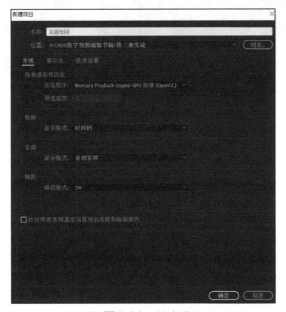

■ 图 3.36　新建项目

2. 导入素材

利用"文件 | 导入"命令，在打开的对话框中分别导入："01.jpg~ 06.jpg""年轻的白杨 .mp3""校园短片 .mp4"。

3. 在"项目"面板整理剪辑

单击"项目"面板下方的"新建素材箱"按钮，将素材箱命名为"图片"，如图 3.37 所示。

将图片"01.jpg~ 06.jpg"拖动放入"图片"素材箱中。相同的方法建立"音频"素材箱和"视频"素材箱，并分别把视频文件和音频文件拖动到相应的素材箱中，如图 3.38 所示。

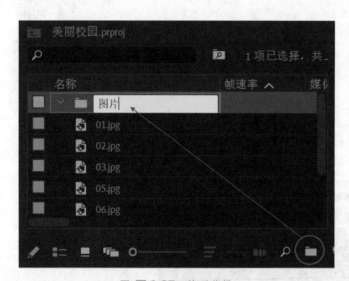

■ 图 3.37 管理剪辑

■ 图 3.38 组织素材

4. 新建"片头"序列

点击"项目"面板的"新建项 | 序列"，命名为"片头"，序列的设置可以根据自己的实际需要选择一种预设，如图 3.39 所示。这里选择了"DV-PAL 标准 48 kHz"，其编辑模式：DV PAL；时基：25.00 fps；视频设置：帧大小：720 h 576 v（1.0940）、帧速率：25.00 帧 / 秒、像素长宽比：D1/DV PAL（1.0940）、场：低场优先。音频设置：采样率：48 000 样本 / 秒。

选择"项目"面板的"新建项 | 通用倒计时片头"，如图 3.40 左侧所示。"确定"后自主设置通用倒计时片头的样式，如图 3.40 右侧所示。

■ 图 3.39　新建"片头"序列

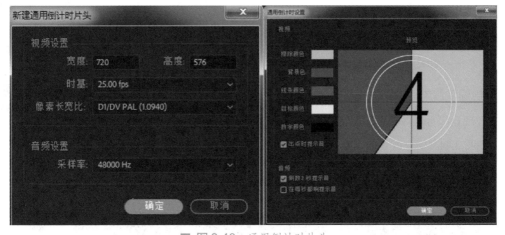

■ 图 3.40　通用倒计时片头

　　将"项目"面板的"通用倒计时片头"拖动至"片头"序列的 V1 轨道零点处。系统弹出"剪辑不匹配警告"对话框，如图 3.41 所示。这说明当前要插入视频轨道的剪辑与序列设置不一致，单击"更改序列设置"按钮，系统会将序列的设置改为和剪辑一样的设置；单击"保持现有设置"按钮则不改变序列的设置。

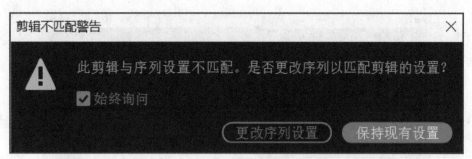

■ 图 3.41 "剪辑不匹配警告"对话框

5. 插入轨道剪辑

在"项目"面板依次选中六张图片和一个视频，将其拖动至 V1 轨道的"通用倒计时片头"后，轨道内容如图 3.42 所示。

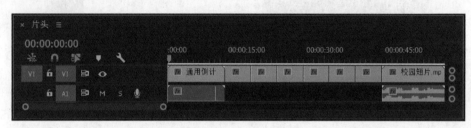

■ 图 3.42 插入轨道剪辑

6. "自动重构"序列

使用"自动重构"功能智能识别视频中的动作，将序列的长宽比改成 9∶16。重构后的视频截图，如图 3.43 所示。

7. 删除项目里的剪辑

在"项目"面板中删除"03.jpg"，在弹出的对话框中单击"是"按钮，如图 3.44 所示。

■ 图 3.43 重构序列效果

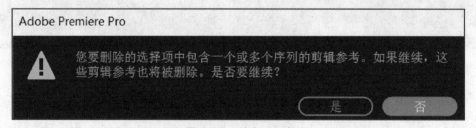

■ 图 3.44 删除项目素材

在"时间轴"序列窗口的 V1 轨道中的该文件也被删除，如图 3.45 所示。

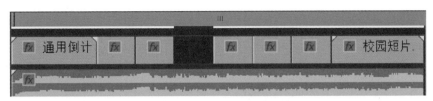

■ 图 3.45　时间轴效果

8. 脱机文件

在 Windows 的资源管理器中找到"03.jpg",将其删除。在 Premiere 中,自动打开"链接媒体"对话框,若单击"脱机"按钮,将产生脱机文件,如图 3.46 所示。

■ 图 3.46　"链接媒体"对话框

"03.jpg"成为脱机文件,项目中的图标发生了改变,监视器窗口可以看到起预览内容也发生了变化,但其所在的"时间轴"序列窗口轨道剪辑的位置没有发生变化,如图 3.47 所示。

■ 图 3.47　脱机文件

9. 预览并保存项目文件

按【Enter】键预览项目内容，保存项目文件，并关闭 Premiere。

<h1 style="text-align:center">习   题</h1>

习题内容请扫下面二维码。

习题内容

第 *4* 章

数字视频基本编辑方法

本章将介绍在使用 Premiere 视频编辑的过程中，最常用的编辑窗口；还将介绍一些精确的视频编辑方法，以及 Premiere 工具箱中工具的使用。本章是 Premiere 视频编辑的核心章节。

◎ 学习要点

- 熟悉 Premiere Pro CC 监视器窗口、时间轴面板的功能
- 掌握时间码的设置与使用
- 掌握标记的使用方法
- 掌握工具面板中工具的使用
- 掌握替换剪辑和素材的方法

◎ 建议学时

上课 2 学时，上机 4 学时。

4.1 基本视频编辑窗口

在非线性编辑软件 Premiere Pro CC 中，对视频的大部分编辑操作都是在"源"素材监视器窗口、"节目"监视器窗口和"时间轴"窗口完成的。

4.1.1 监视器窗口

Premiere Pro CC 中的显示器窗口有两个，即"源"监视器窗口和"节目"监视器窗口。"源"监视器窗口常用来预览素材并进行素材的编辑；"节目"监视器窗口用来预览和编辑时间轴"序列"窗口的内容。

1. "源"监视器窗口与"节目"监视器窗口

导入素材后，可以直接双击素材缩略图，或者在"项目"窗口右击素材缩略图，在弹出的快捷菜单中选择"在源监视器中打开"命令，素材将在"源"素材监视器窗口打开，如图 4.1 左侧窗口所示。将素材放入序列后，在"节目"监视器窗口可以预览到内容，如图 4.1 右侧窗口所示。

■ 图 4.1　两个监视器窗口

"源"监视器窗口与"节目"监视器窗口的下方都有功能按钮操作区，在按钮区的右下角有一个"加号"按钮▣，单击它将会打开"按钮编辑器"，可以使用更多的按钮。将需要的按钮直接拖动到按钮功能区，用户可以自定义按钮功能区的内容，如图 4.2"源"素材监视器窗口按钮编辑器和"节目"监视窗口按钮编辑器所示，左侧为"源"监视器窗口按钮编辑器，右侧为"节目"监视器窗口按钮编辑器。

■ 图 4.2　"源"素材监视器窗口按钮编辑器和"节目"监视窗口按钮编辑器

其中一些常用的功能按钮及其作用，如表 4.1 所示。

表 4.1　监视器窗口常用按钮及其作用

序号	图标	名称	作　用
1	▤	仅拖动视频	仅把视频部分拖动到时间轴序列中
2	⊞	仅拖动音频	仅把音频部分拖动到时间轴序列中

序号	图标	名称	作　　用
3		标记入点	设置当前位置为入点位置，按住【Alt】键单击则取消设置
4		标记出点	设置当前位置为出点位置，按住【Alt】键单击则取消设置
5		添加标记	为素材设置一个没有编号的标记处
6		清除入点	将设置的入点清除掉
7		清除出点	将设置的出点清除掉
8		转到入点	编辑线直接到素材的入点位置
9		转到出点	编辑线直接到素材的出点位置
10		从入点播放到出点	播放从入点到出点间的素材内容
11		跳到下一标记	编辑线直接跳到下一个标记处
12		跳转到上一标记	编辑线直接跳转到前一标记处
13		后退一帧	反向播放，单击一下倒回一帧
14		播放 - 停止切换	控制素材的播放或停止
15		前进一帧	正向播放，单击一下前进一帧
16		播放临近区域	播放编辑点附近的区域
17		循环	循环播放
18		安全边框	设置素材的安全边框，内边框为字幕安全框，外边框是显示安全框
19		插入	将选定的源素材片段插入到当前时间轴的指定位置
20		覆盖	将选定的源素材片段覆盖到当前时间轴的指定位置
21		提升	将当前选定的片段从编辑轨道中删除，其他片段在轨道上的位置不发生变化
22		提取	将当前选定的片段从编辑轨道中删除，后面的片段自动前移，与前一片段连接到一起
23		导出帧	将当前单帧画面导出为图像保存
24		隐藏字幕显示	显示隐藏字幕
25		多机位录制开关	开启 / 关闭多机位录制
26		切换多机位视图	开启 / 关闭多机位视图模式
27		比较视图	将当前剪辑与一个静帧画面进行比较
28		显示标尺	是否显示水平、垂直标尺

2. 精确地添加镜头——三点编辑和四点编辑

三点编辑和四点编辑是最常使用的非线性编辑方法。

在插入素材到时间轴序列中时，除了可以使用鼠标直接拖动的方式外，还可以使用监视器下方的设置入点或出点命令按钮将素材添加到时间轴上。这就是常用到三点编辑和四点编辑的方法。三点编辑和四点编辑的"点"，既可以是在"源"监视器窗口设置的入点或出点，也可以是在"节目"监视器窗口（或"时间轴"序列窗口）设置的入点或出点。

（1）三点编辑

就是指利用插入或覆盖按钮添加素材片段时，要通过设置三个点来限定长度和位置。这三个标记点可以是素材的入点、素材的出点、时间轴入点、时间轴出点中的任意三个标记点。通过设置两个入点和一个出点或者一个入点和两个出点，对素材在时间轴序列中进行定位，第四个点将被自动计算出来。

例如，要将一个素材的第 3 秒到 5 秒的内容插入或覆盖到时间轴序列第 10 秒开始的位置。方法如下：

● 将素材在"源"素材监视器窗口打开，在第 3 秒（00；00；03；00）处设置素材的入点，在第 5 秒（00；00；05；00）处设置素材的出点，如图 4.3 所示。

■ 图 4.3　设置素材入点 / 出点

● 然后在"节目"监视器窗口的 10 秒钟（00：00：10：00）处设置入点，如图 4.4 所示。

● 单击"源"监视器窗口的"插入" 或"覆盖" 按钮。这样就把"源"素材监视器窗口第 3 秒到第 5 秒的内容以"插入"或"覆盖"的方式置入到时间轴序列的第 10 秒后。如图 4.5 所示，以插入方式放置。如图 4.6 所示，以覆盖方式放置。

■ 图 4.4　设置时间轴入点

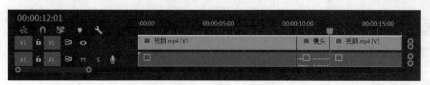

■ 图 4.5　"插入"方式

■ 图4.6 "覆盖"方式

（2）四点编辑

四点编辑既设置素材的入点和出点，又设置了时间轴的入点和出点。

在做三点编辑或四点编辑时，当剪辑长度和时间轴长度不一致时将会弹出"适合剪辑"对话框，如图4.7所示。

例如，在"源"监视器窗口为剪辑在2秒处设置了入点，在5秒处设置了出点，即标记了一段长度为3秒的剪辑；接着在"节目"监视器窗口的6秒处设置了入点，在8秒处设置了出点，即标记了一段长度为2秒的区域，这就出现了剪辑标记长度与时间轴标记长度不一致的情况，这时在进行"插入"或"覆盖"操作时，都将弹出"适合剪辑"对话框。

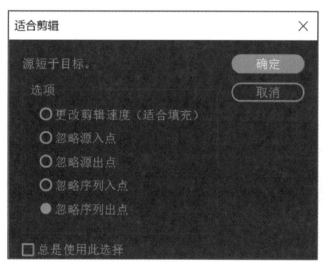

■ 图4.7 "适合剪辑"对话框

其中：

更改剪辑速度（适合填充）：当"源"的长度大于目标长度时，选择该项则使得剪辑的内容变为快镜头；当"源"的长度小于目标长度时，选择该项则使得剪辑的内容变为慢镜头。

忽略源素材的入点、出点；或者忽略时间轴序列的入点或出点：都将忽略一个标记点，所以都会使四点编辑转变为三点编辑。在"适合剪辑"对话框中选择不同的忽略单选按钮会产生不同的效果。

注意：将素材添加到时间轴上可以用鼠标拖动的方法直接将素材拖动到时间轴上。也可以使用监视器的命令按钮将素材添加到时间轴上。

3. 精确地删除镜头——提升和提取操作

在进行视频编辑时，若要精确地删除时间轴序列中的镜头内容，可以先确定删除镜头的起始点位置和终止点位置，然后利用"节目"监视器窗口下方的"提升"或"提取"按钮，将入点到出点间的片段删除。

例如，删除时间轴序列中从 10 秒 5 帧到 12 秒 3 帧间的内容，方法如下：

（1）在"时间轴"序列面板设置入点

在"时间轴"序列面板的"播放指示器位置"时间码处直接输入"1005"并确定。单击"节目"监视器窗口的"设置入点"　按钮，如图 4.8 所示

■ 图 4.8　在时间轴上设置入点

（2）在"时间轴"序列面板设置出点

在"时间轴"序列面板的"播放指示器位置"时间码处直接输入"1203"并确定。单击"节目"监视器窗口的"设置出点"　按钮，如图 4.9 所示

■ 图 4.9　在时间轴上设置出点

（3）"提升"或"提取"操作

● 单击"节目"监视器窗口的"提升"　按钮，将当前选定的片段从编辑轨道中删除，其他片段在轨道上的位置不发生变化，如图 4.10 所示。

● 单击"节目"监视器窗口的"提取"　按钮，将当前选定的片段从编辑轨道中删除，后面的片段自动前移，与前一片段连接到一起，如图 4.11 所示。

■ 图 4.10　"提升"操作

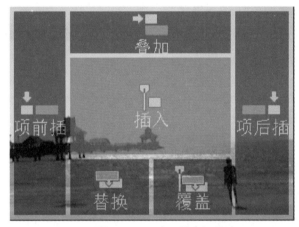

■ 图 4.11　"提取"操作

4. 使用"节目"监视器向"时间轴"序列窗口添加剪辑

在"项目"面板选中某剪辑,或者单击"源"素材监视器窗口的画面,按住鼠标左键将其直接拖动到"节目"监视器窗口,不释放鼠标键,"节目"监视器如图 4.12 所示,"节目"监视器窗口将出现几个功能区域,拖放至不同的区域会做不同的操作。

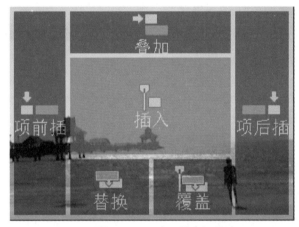

■ 图 4.12　"节目"监视器

"时间轴"序列窗口的原始轨道内容如图 4.13 时间轴窗口所示。

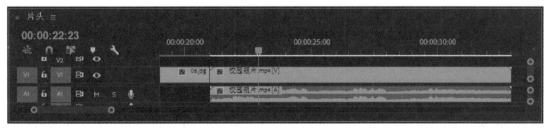

■ 图 4.13　时间轴窗口

插入:直接将剪辑插入到"时间轴"序列窗口的当前位置。如图 4.14 所示,执行插入操作后的轨道内容。

■ 图 4.14 "插入"操作

替换：用新剪辑直接替换"时间轴"序列窗口当前轨道的播放线位置所处的剪辑，如图 4.15
所示。

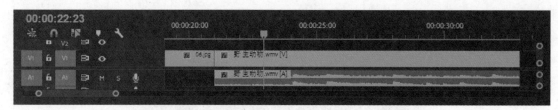

■ 图 4.15 "替换"操作

覆盖：以当前播放线的位置为起点，用新剪辑覆盖与新剪辑长度一致的"时间轴"序列窗口
的轨道素材，如图 4.16 所示。

■ 图 4.16 "覆盖"操作

叠加：新剪辑将添加到"时间轴"序列窗口的新的视频轨道上，与下一层轨道内容形成叠
加的效果。当上一个视频轨道的剪辑存在透明区域时，可以看到下一个视频轨道剪辑的内容，
如图 4.17 所示。

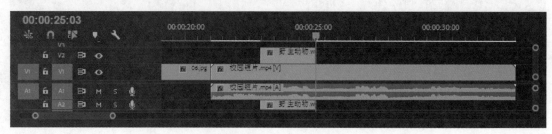

■ 图 4.17 "叠加"操作

项前插：新剪辑插入到当前"时间轴"序列窗口播放线所处位置的剪辑之前，如图 4.18 所示。

■ 图 4.18　"项前插"操作

项后插：新剪辑插入到当前"时间轴"序列窗口播放线所处位置的剪辑之后，如图 4.19 所示。

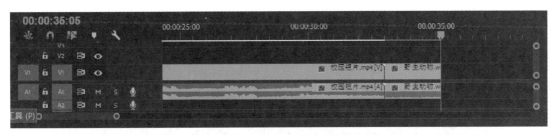

■ 图 4.19　"项后插"操作

5. 设置播放分辨率

无论是在"源"素材监视器窗口预览剪辑，还是在"节目"监视器窗口预览序列内容，常会遇到视频播放不流畅的情况，这往往是因为系统硬件限制而导致无法正常播放文件。这时可以考虑降低播放分辨率。虽然播放分辨率降低后意味着无法看到图像的每一帧画面，但这样做可以显著提升预览性能。

在监视器的下方"播放控制区"都有"选择回放分辨率"下拉列表。如图 4.20 所示，回放的分辨率设置为 1/4，在播放时是可以看得到差别的。

当暂停播放时，图像画面会变得清晰。这是因为回放分辨率和暂停分辨率是两个独立的分辨率。选择

■ 图 4.20　选择回放分辨率

"设置" ![按钮图标] 按钮，在其弹出菜单中可以分别设置这两个分辨率，如图 4.21 所示。

可以在播放时选择较低的分辨率，暂停后恢复为完整的分辨率，这样暂停后可以看到全分辨率下的视频画面。

■ 图 4.21　设置不同的分辨率

4.1.2　使用"时间轴"面板编辑序列

使用 Premiere Pro CC 进行视频编辑，就是要将视频素材按照要求组织到"时间轴"面板，"时间轴"面板中的合成效果就是最终视频作品的内容。

1. "时间轴"面板

"时间轴"面板如图 4.22 所示。

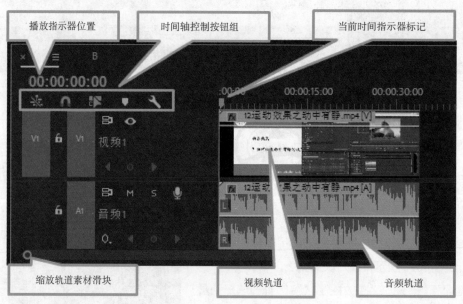

■ 图 4.22　"时间轴"面板

"时间轴"面板中的各个按钮的名称及作用，如表 4.2 所示。

表 4.2　"时间轴"面板按钮名称及作用

序号	图标	名　称	作　用
1		将序列作为嵌套或个别剪辑插入并覆盖	作为序列或剪辑进行插入或覆盖操作

序号	图标	名　称	作　用
2		在时间轴中对齐	具有自动吸附功能
3		链接选择项	链接或断开视频 / 音频链接
4		添加标记	在时间轴上为剪辑添加标记
5		时间轴显示设置	在弹出菜单中可以对视频 / 音频轨道进行多项设置
6		切换轨道锁定	轨道锁定开关
7		切换同步锁定	同步锁定开关
8		切换轨道输出	显示 / 隐藏当前轨道内容
9		静音轨道	设置轨道为静音轨道
10		独奏轨道	设置轨道为独奏状态
11		画外音录制	指定录制声音轨道
12		缩放轨道素材	用于放大 / 缩小轨道素材

　　"节目"监视器窗口是"时间轴"面板中序列的预览窗口，所以视频作品的内容是在"时间轴"面板中进行组织、在"节目"监视器窗口进行预览的；同时，"源"监视器窗口"节目"监视器窗口"时间轴"面板也都是素材的编辑窗口，三者间协调工作完成作品的编辑。

　　2. 轨道控制

　　"时间轴"面板中包含了若干视频轨道和音频轨道，在编辑视频作品时也会用到多个轨道的内容。在 Premiere Pro CC 中提供了多种轨道的控制方法。

　　（1）添加、删除、重命名轨道

　　使用"序列 | 添加轨道"命令或者右击轨道控制区域，在弹出的快捷菜单中选择"添加轨道"命令，在打开的对话框中设置轨道数量、位置及音频轨道的类型等内容，如图 4.23 所示。

　　使用"序列 | 删除轨道"命令或者右击轨道控制区域，在弹出的快捷菜单中选择"删除轨道"命令，在打开的对话框中选择要删除的轨道，如图 4.24 所示。

　　右击轨道控制区域，在弹出的快捷菜单中选择"重命名"命令，可以为轨道重新命名，如图 4.25 所示，将视频轨道 V2 命名为"视频字幕"。

　　（2）自定义轨道头的内容

　　右击轨道控制区域，在弹出的快捷菜单中选择"自定义"命令，允许用户自定义轨道控制区所出现的按钮内容，如图 4.26 所示。

■ 图 4.23 添加轨道

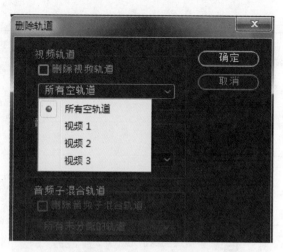

■ 图 4.24 删除轨道

■ 图 4.25 轨道重命名

■ 图 4.26 自定义轨道头

（3）轨道的同步锁定

在轨道控制区有"切换同步锁定"按钮 ，当该按钮处于打开状态时，进行插入或波纹删除时，处于同步锁定的轨道都将受到影响。原始时间轴序列内容如图 4.27 所示；进行插入后序列的内容如图 4.28 所示。

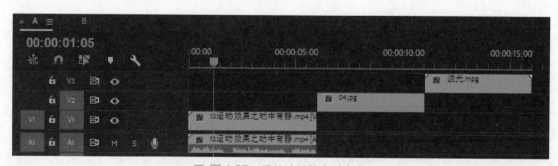

■ 图 4.27 原始时间轴序列内容

可见，在对 V1 和 A1 轨道进行插入的同时，所有同步锁定处于开启状态的轨道（V1、V2、A1 轨道）在插入点右侧都做了调整，而同步锁定处于关闭的轨道（V3 轨道）不受影响。

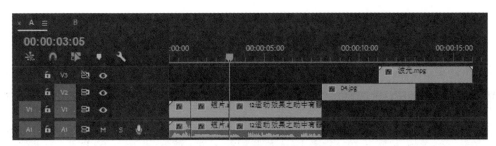

■ 图 4.28 插入操作之后的序列内容

（4）隐藏轨道

在轨道控制区有"切换轨道输出"按钮 ，当该按钮处于打开状态时，轨道内容正常输出，也可以在"节目"监视器窗口预览其内容；当该按钮处于关闭状态时，轨道内容被隐藏。隐藏的轨道内容是不会被导出的。

（5）锁定轨道

在轨道控制区有"切换轨道锁定"按钮 ，锁定的轨道不能再被编辑，所以当某个轨道的内容不希望被修改时，可以将该轨道处于锁定状态。如图 4.29 所示，被锁定的轨道上显示成斜线，再次单击该按钮，则取消锁定状态。

■ 图 4.29 锁定轨道

注意：锁定的轨道其内容可以正常预览和输出，但不可将其设置为目标轨道。

3. 在"时间轴"面板查找剪辑

当"时间轴"面板处于活动状态时，使用系统菜单"编辑 | 查找"命令或者按快捷键【Ctrl+F】，会打开"在时间轴中查找"对话框，如图 4.30 所示。这里输入了".jpg"，在"时间轴"序列窗口的视频轨道上高亮度地显示了所有 .jpg 的文件。

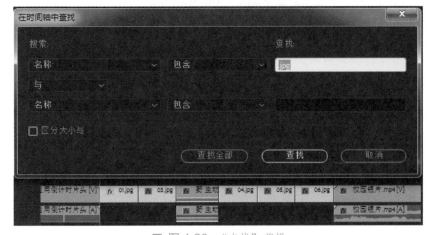

■ 图 4.30 "查找"剪辑

4. 删除"时间轴"上的间隙

在进行视频编辑的过程中，有时会在"时间轴"序列窗口的轨道上留下一些不易察觉的间隙。如图 4.31 所示，这些位置将输出黑屏。

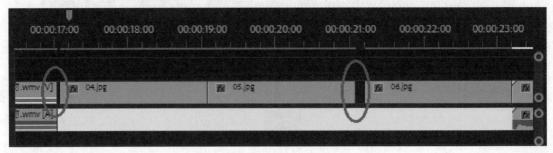

■ 图 4.31 间隙

可以在"时间轴"序列窗口选中轨道素材，利用系统菜单"序列 | 封闭间隙"命令删除区间内的间隙。或者用轨道选择工具将轨道上的内容全部选中，或者使用快捷键【Ctrl+A】将所有轨道剪辑选中，然后利用系统菜单"序列 | 封闭间隙"命令，将所有的间隙删除。

5. 打开或关闭音频、视频链接

在"时间轴"窗口单击"链接选择项"，可以打开或者关闭音视频的链接关系，如图 4.32 所示。

当"链接选择项"按钮处于工作状态时，单击序列中的剪辑，其视频和音频部分会被同时选中，如图 4.33 所示。

■ 图 4.32 链接选择项

■ 图 4.33 音视频链接

当"链接选择项"按钮处于非工作状态时，单击序列中的剪辑，可以分别选取其视频或者音频部分，如图 4.34 所示。也可以在当"链接选择项"按钮处于工作状态时，按住键盘上的【Alt】键，再单击序列中剪辑的视频部分或者音频部分，将其选中。

■ 图 4.34 音、视频断开链接

4.2　时间码

在很多与时间有关的窗口，都可以看到时间码。当用户要进行精确的视频编辑时，经常要求精度达到帧精度，即进行帧精度编辑，这就要为特定的帧添加唯一的地址标记——时间码。

Premiere Pro CC 可以显示多种时间码格式。如果编辑从胶片中捕捉的素材，可以采用胶片格式显示项目时间码；如果编辑的内容是动画，可以采用简单的帧编号格式显示时间码。更改时间码的显示格式并不会改变剪辑或序列的帧速率，只会改变其时间码的显示方式。

4.2.1　设置时间码显示格式

默认情况下，Premiere Pro CC 会为剪辑显示最初写入源媒体的时间码。如果某个帧在原始存储介质的时间码为 00：00：20：00，则该帧在被捕捉之后显示的时间码也是 00：00：20：00。在 Premiere Pro CC 的很多窗口中都有时间码的显示。

利用 Premiere Pro CC "编辑 | 首选项 | 媒体"命令，在打开的"首选项"对话框中可以设置时间码的显示格式，如图 4.35 所示。

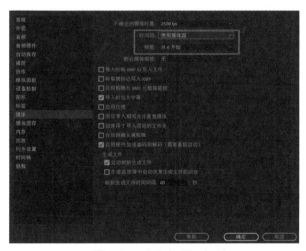

■ 图 4.35　"首选项"对话框

● 使用媒体源：显示录制到源媒体的时间码。

● 从 00：00：00：00 开始：从 00：00：00：00 开始为每个剪辑显示时间码。

在"帧计数"菜单中，可以选择：

● 从 0 开始：按顺序为每个帧编号，第一帧的编号为 0。

● 从 1 开始：按顺序为每个帧编号，第一帧的编号为 1。

● 时间码转换：生成等效于源时间码编号的帧编号。

例如：30 fps 剪辑中帧的源时间码为 00：00：10：00，若选择"时间码转换"选项则此帧的值为 300。Premiere Pro CC 会将 30 fps 帧速率时的 10 秒转换为 300 帧。

4.2.2　更改时间码的显示方式

在 Premiere Pro CC 的"源"素材监视器窗口、"节目"监视器窗口或"时间轴"面板中都可以设置当前窗口的时间码显示方式。

右击时间码，在快捷菜单中有各种时间码的显示方式，如图 4.36 所示。

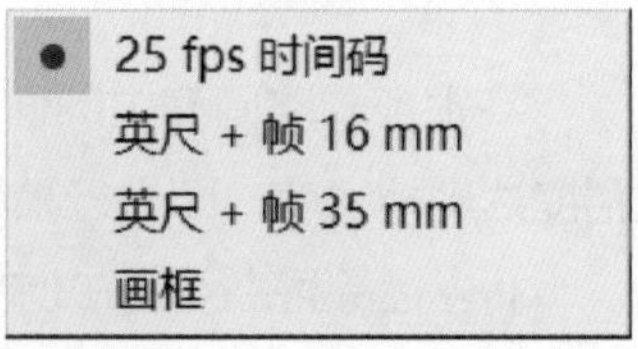

> ● 25 fps 时间码
> 英尺 + 帧 16 mm
> 英尺 + 帧 35 mm
> 画框

■ 图 4.36　设置时间码格式

1．时间码

用于设置时间位置的基准，表示每秒放映的帧数。例如选择 25 fps，即每秒放映 25 帧。在一般情况下，电影胶片选择 24 fps；PAL 或 SECAM 制式视频选择 25 fps；NTSC 制式视频选择 30 fps。

2．英尺 + 帧

用于胶片，计算 16 mm 和 35 mm 电影胶片每英寸的帧数。16 mm 胶片为 16 帧 / 英寸；35 mm 胶片为 35 帧 / 英寸。

3．画框

按帧数计算。如 PAL 时间码为 00：00：01：00，转换为帧值是 25 帧。

注意："节目"监视器窗口和"时间轴"面板的时间码显示格式始终相互匹配。如果更改其中一个面板的显示格式，另一个也会自动更新。

4.2.3　设置时间码的值

在对视频作品进行精确编辑时，常需要精确设置操作位置或者回放标记的位置。

1．时间码的数值

我国的电视制式标准是 PAL（Phase Alternate Line）制，规定每秒 25 帧，每帧 625 行，水平分辨率为 240~400 个像素点，隔行扫描，扫描频率 50 Hz，宽高比例 4：3。这里就以 PAL 制为例介绍其时间码的数值含义。

时间码是用"："间隔开的四组数字，从左至右分别表示小时、分钟、秒、帧。对于 PAL 制来说，每秒 25 帧，所以帧位至秒位为 25 进制、秒位至分位为 60 进制、分位至小时为 60 进制、小时累计至 24 将被复位为 0。可见 PAL 制的最大时间码值为 **24:59:59:24**。

2．输入时间码值

可以直接在允许设置时间码值的位置单击输入正确的时间码值。还可以按照下面的简便操作输入时间码的值。

（1）不输入时间码的间隔符号"："，直接输入一串数字。其中：数字串的最后两位为帧值；倒数第 3、4 位为秒值；倒数 5、6 位为分值；倒数 7、8 位为小时值。

例如：输入"22334411"表示"22：33：44：11"。

（2）不输入时间码开头部分的"0"，但其中间和结尾部分的 0 不能省略。

例如：输入"3210"表示"00：00：32：10"。

（3）若输入的值超过正常的小时、分钟、秒、帧的范围，则系统会做自动转换，转换为正确的时间码格式。

例如：输入"26730"表示"00：03：08：05"。因为：30 帧超出 25 帧的范围所以等于 1 秒 05帧，同样 68 秒也超出了 60 秒的范围等于 1 分 8 秒，所以最终的转换结果为"00：03：08：05"。

（4）可以直接输入时间码各个部分的值，用冒号或者分号将各个部分隔开。

例如：输入"7；8"或者"7：8"都表示"00：00：07：08"

3. 微调时间码的值

在 Premiere Pro CC 中可以基于当前位置来精确地微调时间码的值，在输入时间码值的位置输入"+ 数值"表示向右移动指定的时间距离；"- 数值"表示向左移动指定的时间距离。例如：当前位置为"00：00：05：00"输入"+310"，表示基于当前位置，再向右移动 3 秒 10 帧的距离，即"00：00：08：10"。当前位置为"00：00：05：00"输入"-100"，表示基于当前位置，向左移动 1 秒的距离，即"00：00：04：00"。

4.3 标记的使用

标记可用来识别剪辑和序列中的具体时间点并为其添加注释。这有助于进行精确地编辑定位、对齐剪辑，以及实现对编辑位置的快速访问。可使用标记来确定序列或剪辑中重要的内容。标记仅供参考使用，而不会改变视频内容。

4.3.1 添加标记

标记可以添加在素材或时间轴上，所以可以通过"源"监视器窗口、"节目"监视器窗口或"时间轴"面板来添加标记。标记的添加方法很多，可以通过主菜单"标记"命令添加，也可以利用快捷菜单添加，还可以单击标记按钮添加。

1. 为剪辑添加标记

为素材添加标记的步骤：

（1）双击"项目"窗口的素材，将其在"源"监视器窗口打开。

（2）将播放指示器设置到要添加标记的位置。

（3）选择系统菜单"标记|添加标记"命令；或按【M】键；或选择时间标尺快捷菜单的"添加标记"命令；或单击"源"监视器窗口"按钮编辑器"中的"添加标记"按钮。即把标记添加至素材。如图 4.37 所示为素材添加标记。

■ 图 4.37　添加标记

使用标记菜单或时间标尺的快捷菜单可以看到标记还包括：素材的入点和出点、视频入点和出点、音频入点和出点、添加章节标记、添加 Flash 提示标记等内容，如图 4.38 所示。

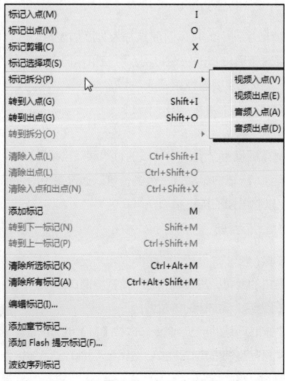

■ 图 4.38　标记菜单

默认情况下，为剪辑添加的标记会包含在原始媒体文件的元数据中。当其他 Premiere 项目打开该剪辑时，它所包含的标记都被保留下来。在系统菜单"编辑 | 首选项 | 媒体"中可以勾选或者取消"将剪辑标记写入 XMP"复选框，如图 4.39 所示。

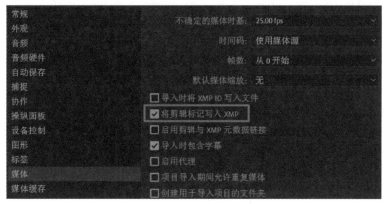

■ 图 4.39　"媒体"首选项

2. 为序列添加标记

若选中时间轴上的素材，在"时间轴"面板要放置标记的位置放置播放指示器。选择系统菜单"标记 | 添加标记"命令或按【M】键；或选择时间标尺快捷菜单的"添加标记"命令；或者单击"时间轴"序列窗口的"添加标记"按钮。即把标记添加至素材。如图 4.40 所示为时间轴素材添加标记。

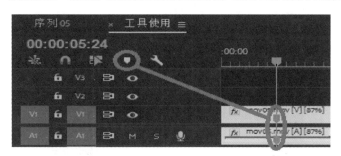

■ 图 4.40　时间轴素材添加标记

若没有选中时间轴上的素材，直接拖动播放指示器，然后单击时间轴面板的"添加标记"按钮，则标记被打到了时间轴上。如图 4.41 所示，时间轴上的素材未被选中，这时的标记被添加到了时间轴刻度上。

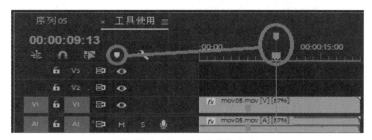

■ 图 4.41　"时间轴"标记

注意： 为时间轴打标记时，"时间轴"序列窗口可以有内容也可以无内容，标记只是打到了时间轴上而非素材上。

4.3.2 编辑标记

1. 编辑标记的内容

要编辑标记，可双击标记图标打开"标记"对话框，如图 4.42 所示。其中：

（1）名称：输入标记的名称。

（2）拖动持续时间：输入值，然后按【Enter】键。将该标记用作 URL 链接和章节标记时，可以将序列标记的持续时间设置超过 1 帧。

（3）注释：输入与标记关联的注释。

（4）标记选项：

● 注释标记：添加注释标记，可以指定名称、持续时间和注释。

● 章节标记：将标记设置为 Encore 章节标记。

● Web 链接：如果要将标记与超链接关联，选中此项，同时在下方的"URL"地址里输入要打开的网页的地址；如果使用的是 HTML 帧集合，在下方的"帧目标"中输入网页的目标帧。

● Flash 提示点：将标记设成一个 Adobe Flash 提示点。选中"事件"单选按钮以创建触发事件的"Flash 提示点"标记；选中"导航"创建仅用于导航的 Flash 提示点。单击下方的加号（+）将添加 Flash 提示点，并为其指定名称和值。单击减号（－）将移除 Flash 提示点。

（5）要为其他序列标记输入注释或指定选项，可单击"上一个"或"下一个"按钮。

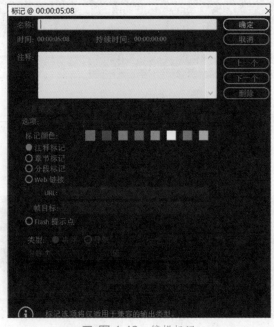

■ 图 4.42 编辑标记

2. 查找、移动和删除标记

查找标记：可以利用"标记"菜单或者时间标尺快捷菜单中的"转到下一个标记"或"转到上一个标记"命令来按顺序的查找标记。

移动标记：可在源监视器中打开剪辑，然后在"源"监视器的时间标尺中拖动"标记"图标；要移动序列标记，可在"时间轴"面板或"节目"监视器的时间标尺中拖动标记。

删除剪辑：可以利用"标记"菜单或者时间标尺快捷菜单中的"清除选定标记"或"清除所有标记"命令。

3. "标记"面板

使用"窗口 | 标记"命令打开"标记"面板。该面板用来查看打开的剪辑或序列中的所有标记。在"标记"面板中同样可以设置标记名称、入点、出点及注释的内容等信息，如图 4.43 所示。所做的标记范围、标记名称及标记的内容等，都可以在监视器窗口显示。

■ 图 4.43　标记面板

4.4　视频编辑工具

Premiere Pro CC 的"工具"面板提供了大量的实用工具，可以方便、快速地进行素材的编辑。

4.4.1　"工具"面板

工具面板中的内容如图 4.44 所示。

■ 图 4.44 "工具"面板

"工具"面板中每个工具的名称及作用，如表 4.3 所示。

表 4.3 工具面板主要工具及其作用

序号	图标	名　称	作　用
1		选择工具	选择、移动、拉伸素材片段
2		向前选择轨道工具	从被选中的素材开始直到轨道上的最后一个素材都将被选中
3		向后选择轨道工具	从被选中的素材开始直到轨道上的第一个素材都将被选中
4		波纹编辑工具	用于拖动素材片段入点、出点、改变片段长度
5		滚动编辑工具	用于调整两个相邻素材的长度，调整后两素材的总长度保持不变
6		比率拉伸工具	用于改变素材片段的时间长度，并调整片段的速率以适应新的时间长度
7		剃刀工具	将素材切割为两个独立的片段，可分别进行编辑处理
8		外滑工具	用于改变素材的开始位置和结束位置
9		内滑工具	用于改变相邻素材的出入点，即改变前一片段的出点和后一片段的入点
10		钢笔工具	用于添加和调节锚点
11		手形工具	平移时间轴窗口中的素材片段
12		文字工具	添加字幕效果

这些工具都可以直接在"时间轴"面板的序列中使用，常用于对序列中的剪辑进行快速编辑。

4.4.2　选择与切割素材

1. 选择素材片段

使用工具箱中的选择工具 ，单击时间轴序列窗口中的某素材，可以将其选中。若按住
【Alt】键，再单击链接片段的视频或音频部分，可以单独选中单击的部分。按住【Shift】键逐个
单击轨道素材，可将多个轨道上的素材同时选中。

使用工具箱中的轨道选择工具 ，单击某素材，可以选择轨道上自该素材开始的所有素
材。使用 并单击素材，可以选择轨道上从第一个素材开始直到该素材为止的所有素材。

使用选择工具 拖动素材片段，若时间轴窗口的自动吸附按钮 处于被按下去的状态，
则在移动素材片段时，会将其与剪辑素材的边缘、标记，以及时间指示器指示的当前时间点等内
容进行自动对齐。用于实现素材的无缝连接。

使用选择工具 ，当移动到素材片段的入点位置，出现剪辑入点图标 时，可以通过拖动对素材片段的入点进行重新设置；同理，使用选择工具 ，当移动到素材片段的出点位置，出现剪辑出点图标 时，可以通过拖动对素材片段的出点进行重新设置。这种方法也常用来对剪辑掉的素材片段进行快速的恢复操作。使用选择工具编辑素材如图 4.45 所示。

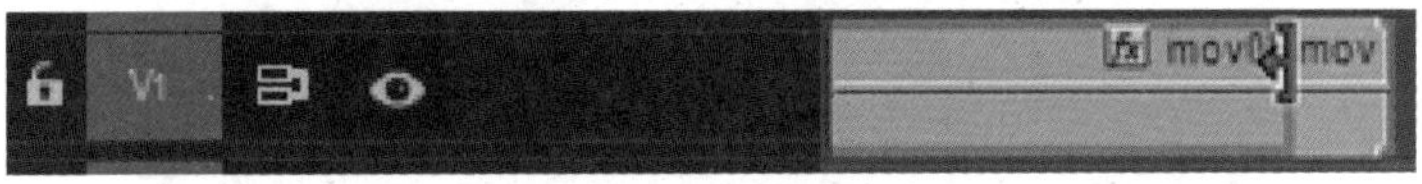

■ 图 4.45　使用选择工具编辑素材

2. 素材的切割

使用工具箱中的剃刀工具 ，可以将一个素材在指定的位置分割为两段相对独立的素材。素材的切割常用于将不需要的素材内容分割后进行删除；也用于将一个素材分割为多个片段后，为每个素材片段分别添加不同的效果等。

选中剃刀工具 ，再按住【Shift】键，移动光标至编辑线标识所示位置单击，则时间轴窗口中未锁定的轨道中的同一时间点的素材都将被分割成两段。素材切割如图 4.46 所示，利用剃刀工具将素材切割为三个独立的部分。

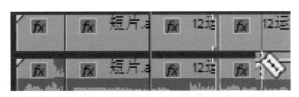

■ 图 4.46　素材切割

注意：素材被切割后的两部分都将以独立的剪辑片段的形式存在，可以分别对它们进行单独的操作，但是它们在项目窗口中的原始素材文件并不会受到任何影响。

4.4.3　波纹编辑与滚动编辑

波纹编辑工具 与滚动编辑工具 ，都可以改变素材片段的入点和出点。

1. 波纹编辑工具

波纹编辑工具只应用于一段素材片段，当选中该工具，在更改当前素材片段的入点或出点的同时，时间轴上的其他素材片段相应滑动，使项目的总的长度发生变化，波纹编辑如图 4.47 所示。使用波纹编辑工具在第一段素材尾进行拖动，后面的素材会做相应的滑动。在"节目"监视器窗口可以看到第一段素材的出点画面不断变化，但第二段素材的入点画面不变。总得节目长度发生变化。

■ 图 4.47　波纹编辑

2. 滚动编辑工具

滚动编辑工具作用在两段素材片段之间的编辑点上，当使用该工具进行拖动时，会使得相邻素材片段一个缩短，另一段变长，而总的项目长度不发生变化，滚动编辑如图 4.48 所示。使用滚动编辑工具在两端素材的接点处进行拖动时，在"节目"监视器窗口可以看到第一段素材的出点画面和第二段素材的入点画面都在不断变化但总的节目长度不发生变化。

■ 图 4.48　滚动编辑

4.4.4　外滑工具与内滑工具

"外滑工具"与"内滑工具"都应用于顺序排放的 A、B、C 三个剪辑的调整。它们都不改变总的节目长度。

1. 外滑工具

外滑工具：用于确保 A、C 镜头的长度不变、位置不变的前提下，修改某个中间镜头 B 的截取范围。其使用前提是：中间剪辑 B 在"时间轴"窗口修剪过，并且其长度小于原始的素材的时间长度。如图 4.49 所示，A 剪辑、C 剪辑的内容不变，只是改变 B 剪辑的入点和出点位置。

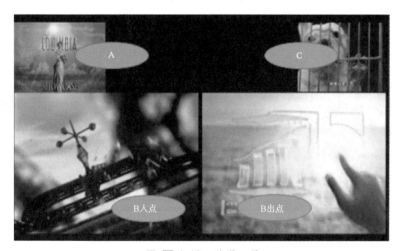

■ 图 4.49　外滑工具

2. 内滑工具

内滑工具：用于改变前一个素材（A）的出点和后一个素材（C）的入点，而不改变总的时间长度。如图 4.50 所示，B 剪辑的内容不变，会改变 A 剪辑的出点位置和 C 剪辑的入点位置。

■ 图 4.50　内滑工具

4.4.5 比率拉伸工具

比率拉伸工具用于改变剪辑片段的时间长度，并调整片段的速率以适应新的时间长度。常用于对视频剪辑的持续时间或速度变化要求不是很精确的情况，所以经常用该工具快速制作快镜头或慢镜头。选中工具箱中的"速率伸缩工具"，移动鼠标至"序列"窗口的视频剪辑的首或尾端，在剪辑首的位置鼠标指针将变形为，在剪辑的尾部鼠标指针将变形为，然后按住鼠标左键进行拖动。

在剪辑首的位置鼠标指针将变形为时，按住鼠标向右拖动；或者在剪辑的尾部鼠标指针将变形为时，按住鼠标向左拖动。这时都是缩短剪辑的持续时间，用于制作快镜头。比率拉伸工具如图 4.51 所示，将一个 30 秒的内容缩短至 10 秒，速度由原来的 100% 变为 300%。

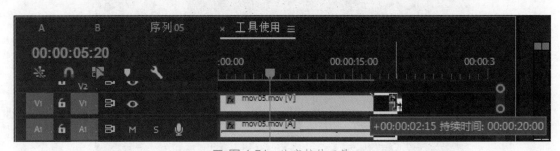

■ 图 4.51　比率拉伸工具

同理，在剪辑首的位置鼠标指针将变形为时，按住鼠标向左拖动；或者在剪辑的尾部鼠标指针将变形为时，按住鼠标向右拖动。这时都是将剪辑的持续时间进行了延长，用于制作的是慢镜头。例如：将一个 30 秒的内容延长至 1 分钟，速度由原来的 100% 变为 50%。

若要制作精确的快 / 慢镜头，可以使用命令的方式。在"源"监视器窗口，利用其快捷菜单中的"速度 | 持续时间……"命令在该窗口改变剪辑的播放速率；或者在"序列"窗口选中剪辑后，利用其快捷菜单中的"速度 | 持续时间……"命令，将打开"剪辑速度 | 持续时间"对话框，如图 4.52 所示，进行设置。

在该对话框中还可以设置：剪辑的倒着播放的效果；在更改播放速率后是否要保持音调不变；改变该剪辑的播放速度的同时，是否要做波纹编辑自动移动后面的剪辑等。

时间差值主要针对做过变速的视频而言，比如 abcd 这 4 帧画面，如果速度改变为 50%。它就得计算多出来的部分怎么办。如果是"帧采样"就是aabbccdd。这样直接显示出来，渲染速度最快。如

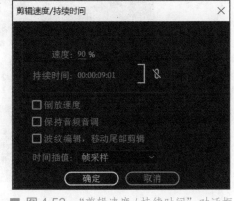

■ 图 4.52　"剪辑速度 / 持续时间"对话框

果是"帧混合",就是 aa+b/2(也就是说不透明度50% 帧混合)bb+c/2 cc+d/2,对渲染速度有影响,但很小。如果是"光流法",就通过光流法算法,计算中间帧每一个像素的位移情况,然后根据具体画面位移变化生成一张新的画面插入到视频中需要补足的地方。

4.4.6 文字工具

在工具箱中选中"文字工具",在"节目"监视器窗口单击,输入文字内容,在"时间轴"序列窗口的视频轨道上会自动生成一个字幕图层,如图 4.53 所示。文字工具的详细内容,将放到本书的第 9 章字幕进行详细介绍。

■ 图 4.53 文字的设置

4.4.7 "节目"监视器窗口"修剪"模式

在 Premiere 进行数字视频编辑的过程中,如果要对编辑工具有更多更精确的操作,可以使用"节目"监视器的"修剪"模式。

1. 三类修剪

使用"节目"监视器的"修剪"模式可以完成三类修剪编辑操作。

(1)常规修剪:它相当于使用"选择工具"进行的单边调整。会在时间轴上向前或向后移动所选剪辑的边缘,而不改变其他的剪辑。

(2)波纹修剪:它相当于使用"波纹编辑"工具进行调整。会在时间轴上向前或向后移动所选剪辑的边缘。该编辑之后的剪辑会跟随移动。

(3)滚动修剪:它相当于使用"滚动编辑"工具进行调整。会移动一段剪辑的尾部和相邻后面一段剪辑的首部。总的序列持续时间不变。

2. 进入"修剪"模式

（1）选择"序列 | 修剪编辑"命令（或按【Shift + T】键），进入修剪模式。

（2）使用"选择工具"或"波纹编辑"工具或"滚动编辑"，然后双击序列窗口两段剪辑的接点位置。

"修剪"模式窗口如图 4.54 所示。左侧画面是接点左侧剪辑的出点位置，右侧画面是接点右侧剪辑的入点位置。

■ 图 4.54 "修剪"模式

左侧的 0 表示出点移动计数器；右侧的 0 表示入点移动计数器；负数表示向后修剪的帧数；正数表示向前修剪的帧数；■为添加默认过渡。

3. 进行单边调整或双边调整

如果用"选择工具"双击接点处，进入"修剪"模式后，鼠标在左侧画面或者右侧画面时，鼠标都显示是红色的单边调整标记，这时就相当于使用的是"选择工具"进行调整，做的是改变第一段剪辑的出点或第二段剪辑入点。当鼠标处于两段剪辑中间位置时是滚动编辑工具，会同时改变第一段剪辑的出点位置和第二段剪辑的入点位置，如图 4.55 所示。

■ 图 4.55 "选择"与"滚动"编辑方式

如果用"波纹编辑"工具或者"滚动编辑"工具双击接点处，进入"修剪"模式后，鼠标在左侧画面或者右侧画面时，鼠标都显示是黄色的单边调整标记，这时就相当于使用的是"波纹编辑"工具进行调整。当鼠标处于两段剪辑中间位置时是滚动编辑工具，如图 4.56 所示。

■ 图 4.56　"波纹"与"滚动"编辑方式

如图 4.57 所示，分别完成了常规修剪、波纹修剪和滚动修剪。

■ 图 4.57　不同修剪方式对比

4. J-K-L 动态修剪

J 键是向前进行剪辑。K 键是停止键。L 键向右进行剪辑，单击一次正常播放，单击两次 2 倍速，单击三次 4 倍速……

在动态修剪的过程中，单击 K 键停止修剪，修剪的结果会反映到时间轴序列上。

5. 应用默认过渡到选择项

单击"修剪"模式中的"应用默认过渡到选择项"，会为视频和音频剪辑添加默认的过渡效果。如图 4.58 所示，放大轨道剪辑后，可以看到添加了默认的视频过渡效果"交叉缩放"。

■ 图 4.58　添加默认过渡效果

6. 退出"修剪"模式

单击时间轴或者按【Shift + T】键，或者划动播放指示器等操作都可以关闭"修剪"模式。

4.5　替换剪辑和素材

如果序列中的剪辑已经编辑完毕，包括添加了各种关键帧、各种效果等，这时要用新的剪辑替换序列中已有的剪辑，又不希望重新设置这些已经编辑好的参数，这时"使用剪辑替换"功能是最好的选择。

可以分别使用"时间轴"序列窗口轨道剪辑快捷菜单"使用剪辑替换",或者使用系统菜单"剪辑 | 替换为剪辑"命令,如图 4.59 所示。

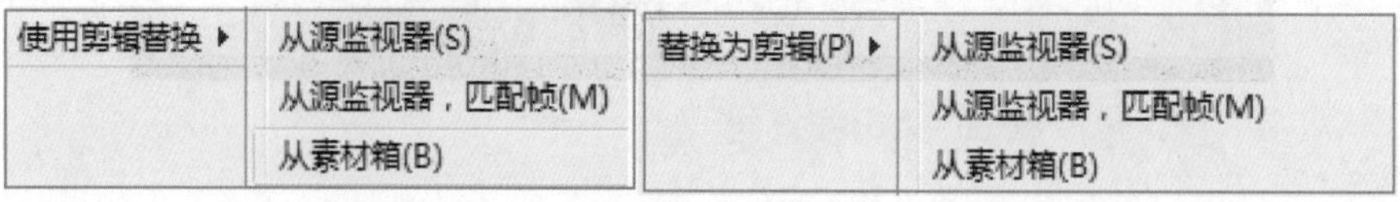

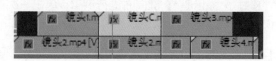

■ 图 4.59　替换命令

4.5.1　从"素材箱"替换序列中的剪辑

这里把要被替换出序列的剪辑称为"原始剪辑",把要替换入序列的剪辑称为"目标剪辑"。分别使用拖动的方式和命令的方式,完成用"项目"面板素材箱中的"目标剪辑"替换"时间轴"序列窗口的"原始剪辑"。

1. 拖动鼠标完成替换

在"项目"面板,选中目标剪辑"短片 .avi",按住【Alt】键将其拖动至"时间轴"序列的原始剪辑"镜头 C.mp4"上。原始轨道内容如图 4.60 所示,替换后轨道内容如图 4.61 所示。

■ 图 4.60　轨道内容

■ 图 4.61　替换后轨道内容

替换前后效果对比如图 4.62 所示。可见原始剪辑的视频画中画效果替换后依然保留,且替换的剪辑会适应原来剪辑的精确长度。

■ 图 4.62　替换先后对比

2. 使用命令"从素材箱"完成替换

在"项目"面板，选中目标剪辑"短片 .avi"。在"时间轴"序列窗口选中原始剪辑"镜头 C.mp4"，利用其快捷菜单"使用剪辑替换 | 从素材箱"命令或者使用系统菜单"剪辑 | 替换为剪辑 | 从素材箱"命令，完成替换。其效果和使用 Alt 键加鼠标拖动是一样的。

4.5.2　从"源"监视器替换序列中的剪辑

1. 将"源"素材监视器中的剪辑替换序列中的剪辑

可以使用 Alt 键加鼠标拖动的方式，将"源"素材监视器窗口的"目标剪辑"直接拖动至"时间轴"序列窗口的"原始剪辑"上完成剪辑的替换。或者在"时间轴"序列窗口选中"原始剪辑"，利用其快捷菜单"使用剪辑替换 | 从源监视器"命令，完成替换，如图 4.63 所示。

■ 图 4.63　替换素材

2. 执行同步替换剪辑

将"源"素材监视器面板播放指示器位置所处的帧，匹配到"时间轴"序列窗口播放指示器的位置。替换完成后，"源"素材监视器窗口上看到的画面与"节目"监视器窗口看到的当前画面一致，完成同步替换剪辑。

在"源"素材监视器窗口，拖动播放线，选择要同步的位置。然后选中原始剪辑"镜头 C.mp4"，在希望同步的位置设置播放线，播放线所在位置就是将要执行编辑的同步点。利用快捷菜单"使用剪辑替换 | 从源监视器，匹配帧"命令。如图 4.64 所示，用"目标剪辑"替换了"原始剪辑"同时完成了帧同步。

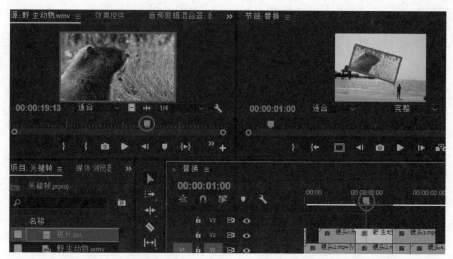

■ 图 4.64　同步替换

4.5.3　替换素材

"替换素材"是指将"项目"面板中的素材用其他素材替换。常用于替换一个或多个序列内多次出现的剪辑。如图 4.65 所示，序列中多处使用了"镜头 2.mp4"剪辑，现在希望把所有"镜头 2.mp4"剪辑替换成"公园美景 .mp4"。

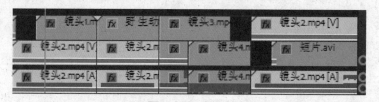

■ 图 4.65　替换素材

在"项目"面板选中"镜头 2.mp4"，利用快捷菜单的"替换素材"命令，在打开的"替换"对话框中找到要替换的目标素材，单击"选择"按钮，如图 4.66 所示。

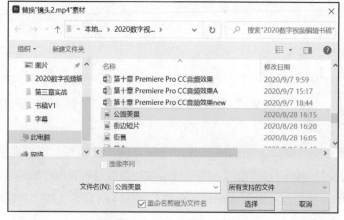

■ 图 4.66　"替换"对话框

项目和序列中的所有剪辑都进行了更新，轨道内容如图 4.67 所示。

■ 图 4.67　更新剪辑

4.6　应用实例——同步编辑多机位序列

Premiere Pro CC 的"多机位"模式会在节目监视器中显示多机位编辑界面。可以从多个摄像机以不同角度拍摄的剪辑中或从特定场景的不同镜头中创建可编辑的序列。

同步编辑多机位序列

1. 新建项目文件并导入素材

新建项目文件"多机位"。将多机位拍摄的视频文件"镜头 _1.avi"~"镜头 _4.avi"四个视频文件导入到"项目"面板中。

2. 创建多机位源序列

在"项目"面板选中导入的四个视频文件，选择"剪辑 | 创建多机位源序列"命令；或者选中文件后利用其快捷菜单中的"创建多机位源序列"命令；将打开"创建多机位源序列"对话框，如图 4.68 所示。

其中：

（1）视频剪辑名称

可以为序列中主视频或音频剪辑后的多机位源序列命名。从弹出式菜单中，选择相应选项向主视频或音频名称附加"多机位"或自定义名称。或者从弹出式菜单中选择"自定义"选项，然后在文本框中输入自定义名称。

（2）同步点

● 入点、出点：创建多机位源序列之前使用入点或出点标记同步点。

● 时间码

如果录制时使用的时间码是同步的，则可选择"时间码"选项同步这些剪辑。选择"创建单个多机位源序列"复选框，将多个剪辑组合到单个多机位源序列中。如果

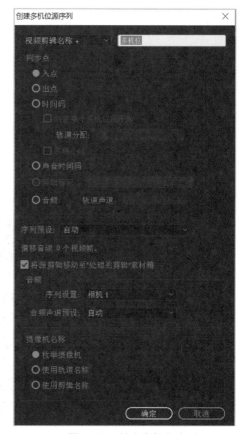

■ 图 4.68　创建多机位源序列

各个剪辑的时间码开始于不同的小时，但除此之外的时间码均重叠，则可选择"忽略小时"复选框。

- 剪辑标记：可使用为相同的同步点手动添加剪辑标记，将剪辑同步。
- 音频：根据音频波形自动同步剪辑。

（3）选择序列预设

序列预设：可从先前保存的序列预设列表中进行选择。默认情况下会选择自动预设，视频预设将基于摄像头 1 剪辑的视频格式。对于高级工作流，如使用替代分辨率剪辑编辑序列，可选择特定序列预设，然后使用较高的分辨率 / 帧大小剪辑进行最终编辑。

- 偏移音频及移动源剪辑

如果单独录制的音频轨道与视频剪辑不同步，则可使用"偏移音频帧数"选项添加帧偏移。对于只包含音频的剪辑的同步偏移，可输入 –100~+100 之间的视频帧数。

使用"将源剪辑移动至'处理的剪辑'素材箱"复选框，可将生成的源剪辑移动到"处理的剪辑"素材箱。如果"处理的剪辑"素材箱不存在，则 Premiere Pro CC 会创建一个，然后再将剪辑移至其中。

（4）音频序列设置

序列设置确定如何在源序列中填充音频轨道，如何设置平移和轨道分配，以及它们是否静音。音频轨道预设决定所生成源序列的映射方式。包括：

- 自动：读取首个剪辑的音频类型并使用该映射；
- 单声道：尽可能多地映射与源序列中的输出轨道相对应的单声道；
- 立体声：根据源序列中的输出轨道数量，映射到立体声轨道；
- 5.1：根据源序列中的输出轨道数量，映射到 5.1 轨道；
- 自适应：根据源序列中的输出轨道数量，映射到自适应轨道。

（5）摄像机名称

可将"源"素材监视器中的摄像机角度显示为摄像机编号、轨道名称或剪辑名称。设置完毕后，在"项目"面板中生成一个新的多摄像机源序列，如图 4.69 所示。

■ 图 4.69　多摄像机源序列

3. 将多机位序列添加到时间轴序列中

新建一个目标序列，将新的多机位源序列作为嵌套序列素材添加到此序列中，如图 4.70 所示。

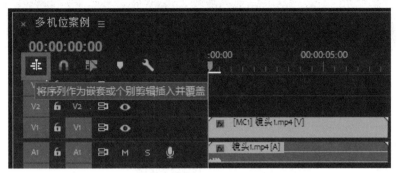

■ 图 4.70　开启"将序列作为嵌套或个别剪辑插入并覆盖"

注意：这里一定要使"将序列作为嵌套或个别剪辑插入并覆盖"按钮处于开启状态，再插入多机位序列。

4. 在"节目"监视器中启用多机位编辑

单击节目监视器编辑按钮中的"切换多机位视图"按钮，使节目监视器处于多机位模式。在多机位模式中，可同时查看所有摄像机的素材，并在摄像机之间切换以选择最终序列的素材，如图 4.71 所示。

■ 图 4.71　启用多机位编辑

5. 启用多机位编辑的录制

单击播放按钮 ![play]，开始录制。在录制的过程中，通过单击各个摄像机视频预览缩略图，以便在各个摄像机间进行切换，其对应的快捷键分别为数字 1、2、3、4。录制完毕，单击停止按钮 ![stop]，结束录制。

6. 预览序列

再次播放预览序列，序列已经按照录制时的操作在不同区域显示不同的摄像机剪辑，并且以

［MC1］、［MC2］、［MC3］、［MC4］等形式标记素材的摄像机来源，如图 4.72 所示。

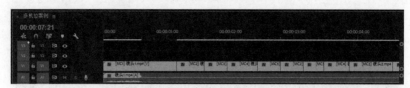

■ 图 4.72　时间轴上的多机位序列内容

7. 切换多机位角度

如果对某个区域显示的摄像机剪辑不满意，希望替换成其他机位剪辑的话，可以在轨道上选中这个剪辑，然后使用快捷菜单中的"多机位"命令，选择相应的相机，就可以进行替换。或者直接在"节目监视器"窗口多机位环境下单击某个机位进行替换。也可以直接按键盘上代表各个机位的数字键，如图 4.73 所示。

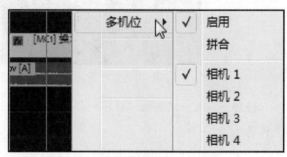

■ 图 4.73　切换多机位角度

8. 拼合多机位编辑

选中轨道的某摄像机剪辑，在快捷菜单中使用"多机位 | 拼合"命令，嵌套的多机位序列剪辑将使用原始的剪辑进行替换。这样做可以降低播放时计算机的处理能力，同时也会简化序列。如图 4.74 所示，对［MC2］镜头 2.mp4 进行拼合后的对比图。

■ 图 4.74　拼合前后对比

9. 预览并保存项目文件

按【Enter】键进行序列内容的渲染，预览结果并保存项目文件。

习　　题

习题内容请扫下面二维码。

习题内容

第 *5* 章

动态效果

Adobe Premiere Pro CC 的内置视频效果包括运动、不透明度、时间重映射等。通过为内置视频效果添加关键帧，可以制作出位移动画、淡入淡出动态效果，以及为一段视频的不同部分设置不同的播放速度等动态效果。

学习要点

- 掌握关键帧的设置
- 掌握位移动画、缩放动画、旋转动画的设置
- 掌握不透明度的关键帧设置
- 掌握时间重映射设置
- 灵活运用蒙版制作视频合成效果

建议学时

上课 1 学时，上机 4 学时。

5.1 运动效果

运动效果包括制作位移动画、缩放动画及旋转动画等。在 Premiere Pro CC 中通过设定剪辑画面运动的位移、缩放和旋转属性的参数值来实现动态效果。运动效果通过设置剪辑在屏幕中的位置变化来实现，位置变化过程中所形成的路径既是剪辑的运动轨迹，同时也决定了它的运动方向。

5.1.1 实现运动效果

动画是由多个静态画面的连续播放产生的视觉效果，其中每一个静态的图片称为一帧画面。

关键帧就是由人们指定的一些特定的帧，视频画面的所有移动、旋转、缩放和不透明度等状态的设置均是通过设置关键帧完成的。

1. 添加第一组运动关键帧

在"时间轴"面板内选中剪辑，打开"效果控件"面板，在"节目"监视器窗口双击显示的剪辑，或者单击"效果控件"的 **运动** 按钮，在"节目"监视器窗口都可以看到显示的剪辑边缘出现了一个线框，线框周围有 8 个控制点，如图 5.1 所示。

■ 图 5.1　位置和缩放比例控制点

在"节目"监视器窗口直接拖动剪辑改变其位置、大小和旋转值，同时观察"效果控件"面板的"位置""缩放""旋转"选项的参数值也发生了改变。移动编辑标记线到 00：00：00：00 零点处，单击"位置""缩放""旋转"选项前的 🕐 "切换动画"按钮来设置第一组关键帧，如图 5.2 所示。

■ 图 5.2　添加第一组关键帧

2. 添加其他组运动关键帧

（1）移动编辑标记线到 00：00：02：00 处，在"节目"监视器窗口移动剪辑至屏幕中心，并在"效果控件"面板中将"缩放比例"值设置为 103，"旋转"值设置为 720，即旋转两周 $2 \times 0.0°$，自动添加第二组关键帧，如图 5.3 所示。

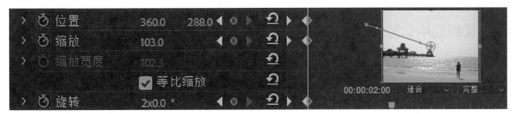

■ 图 5.3　添加第二组关键帧

（2）移动编辑标记线到 00：00：04：00 处，然后在"节目"监视器窗口移动剪辑到屏幕右上方的位置，运动的路径变成一条曲线。同时，在"效果控件"右侧的时间轴视图中自动在当前位置创建了第三个关键帧，如图 5.4 所示。同理可以添加更多组关键帧，并预览观察效果。

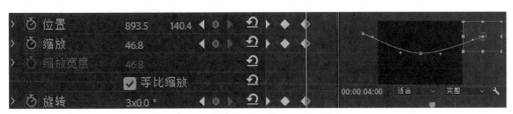

■ 图 5.4　添加第三个关键帧

路径是一条贝塞尔曲线，可以通过移动锚点（即关键帧）位置和拖动锚点切向量的方式改变路径的形状，如图 5.5 所示。

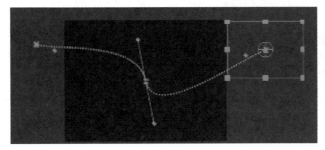

■ 图 5.5　修改路径

3. 预览效果

按空格键，预览效果，如图 5.6 所示。

■ 图 5.6　"运动"动画效果

5.1.2 实现动中有静的效果

并不是为剪辑添加了运动关键帧，就能实现运动效果。动态效果的实现是有条件的。

1. 实现动态效果的条件

要实现动态效果，就要求镜头中的关键帧的数量应该大于等于两个；且相邻的关键帧其参数值是不同的。例如，当相邻两个"位置"关键帧的值不同时，就可以实现位移动画效果；当相邻两个"缩放"关键帧的值不同时，就可以实现缩放动画效果等。

2. 实现动中有静的效果

如果相邻的两个关键帧的值相同，那么这两个关键帧所控制的时间段内，该状态将保持不变。如果在当前位置要添加的关键帧与前一个关键帧的参数值相同，这时系统不会自动添加关键帧，需要手动单击"添加 | 移除关键帧"按钮来添加关键帧。

在 5.1.1 节中制作了视频的运动效果，如果要求 5.1.1 节的视频做出动中有静的效果，即视频到达屏幕中心时，静止两秒钟，然后再从屏幕一侧离开。这时就需要对第三组及其后的关键帧组进行修改。如图 5.7 所示，在 00：00：04：00 处设置第三组关键帧，由于这组位置关键帧、缩放关键帧，以及旋转关键帧的值都与第二组关键帧的值相同，所以需要手动添加这些关键帧。这样在第二组关键帧和第三组关键帧之间所控制的这两秒的时间段内，视频是处于静止状态的。

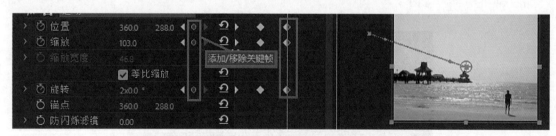

■ 图 5.7　手动添加关键帧

静止两秒后，让视频从屏幕的右上角离开，下面设置第四组关键帧。

移动编辑标记线到 00：00：06：00 处，在"节目"监视器窗口移动剪辑至屏幕右上角，并在"效果控件"面板中将"缩放比例"值设置为 36.3，"旋转"值设置为 4×0.0°。自动添加第四组关键帧，如图 5.8 所示。

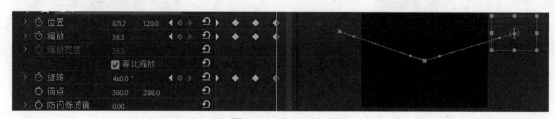

■ 图 5.8　第四组关键帧

5.2 关键帧的操作

在"效果控件"面板、"节目"监视器面板及"时间轴"面板内均可对关键帧进行操作。

5.2.1　关键帧的基本操作

1. 移动关键帧

关键帧的位置是可以移动的，在"效果控件"面板中选择要移动的关键帧，按住鼠标左键拖动到合适的位置，如图 5.9 所示，可以选中多个关键帧进行批量移动。

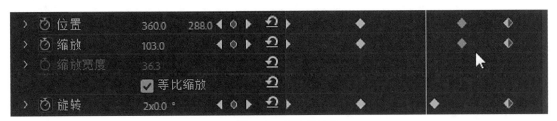

■ 图 5.9　移动关键帧

关键帧的位置也可以在"时间轴"面板进行移动。如图 5.10 所示，在时间轴面板移动位置关键帧。

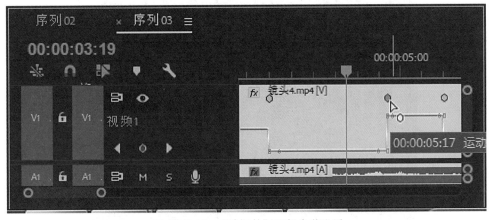

■ 图 5.10　"时间轴"面板参数设置

2. 删除关键帧

在"效果控件"面板中或"时间轴"面板内，选择要删除的关键帧右击，在弹出的快捷菜单中选择"清除"命令或按【Delete】键、【Backspace】键或单击 ◀ ◆ ▶ "添加 | 移除关键帧"按钮中心的小圆圈都可以完成删除操作，如图 5.11 所示。

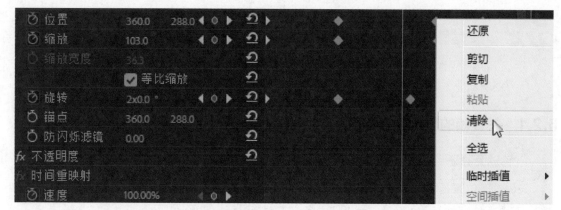

■ 图 5.11　删除关键帧

3. 复制、粘贴关键帧

关键帧的效果可以重复使用，选中关键帧右击，并在快捷菜单中选择"复制"命令，在目标位置选择粘贴命令，完成关键帧的复制。

4. 过滤关键帧属性

在"效果控件"面板下方有"过滤属性"按钮，如图 5.12 所示。单击在展开菜单中选择"仅显示使用关键帧的属性"命令，系统会过滤出使用关键帧的属性参数。

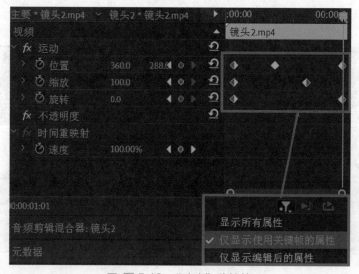

■ 图 5.12　"过滤"关键帧

5.2.2　关键帧插值

"插值"是在两个已知值之间填充未知数据的过程。创建关键帧和运动路径以使相关值随时间变化时，如果希望对变化发生的方式进行更精确地调整，Premiere Pro CC 提供了几种影响中间值计算方式的插值方法。

"临时插值"也称为"时间插值"是时间值的插值,它是一种确定对象移动速度的有效方式,比如在关键帧处进行加速或减速等变速运动。"空间插值"是空间值的插值,它处理位置变化,用来控制运动路径和路径形状。某些属性(如缩放、不透明度等)仅具有时间插值。其他属性(如位置)除了有时间插值外还具有空间插值。如图 5.13 所示,临时插值和空间插值所包含的插值方法。

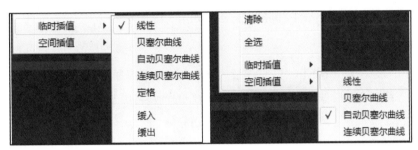

■ 图 5.13　插值

1. 线性

"线性"插值在关键帧之间创建匀速变化,这种方法让动画看起来具有匀速的效果。

使用线性关键帧时,变化会立即从第一个关键帧开始并以恒定的速度传递到下一个关键帧。在第二个关键帧处,变化速率将立即切换为它与第三个关键帧之间的速率。直到最后一个关键帧值时,变化会立刻停止。在值图表中,连接采用线性插值方法的两个关键帧的区间显示为一条直线,如图 5.14 所示。"线性"是"临时插值"的默认插值方法。

2. 贝塞尔曲线

"贝塞尔曲线"插值提供最精确的控制,可以手动调整关键帧两侧任意一侧的值。与"自动贝塞尔曲线"或"连续贝塞尔曲线"不同,"贝塞尔曲线"可在值图表和运动路径中单独操控贝塞尔曲线关键帧处的两个方向手柄,如图 5.15 所示。

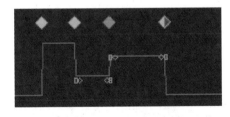

■ 图 5.14　"线性"插值

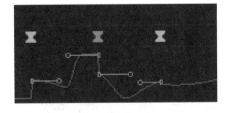

■ 图 5.15　"贝塞尔曲线"插值

如果将"贝塞尔曲线"插值应用于所有关键帧,Premiere Pro CC 将在关键帧之间创建平滑的过渡。"贝塞尔曲线"插值允许沿着运动路径创建曲线和直线的任意组合。因为可单独操控两个贝塞尔曲线方向手柄,所以弯曲的运动路径可能会在贝塞尔曲线关键帧的位置突然转变成锐利的转角。要绘制具有复杂形状的运动路径时,贝塞尔曲线空间插值是理想之选。

3. 自动贝塞尔曲线

"自动贝塞尔曲线"插值通过关键帧创建平滑的变化速率。当更改自动贝塞尔曲线关键帧● 值时，自动贝塞尔曲线方向手柄的位置将自动变化以实现关键帧之间的平滑过渡。自动调整将更改关键帧任意一侧的值图表或运动路径段的形状。如果上一个和下一个关键帧也使用"自动贝塞尔曲线"插值，则上一个或下一个关键帧远端的区间形状也将发生更改。如果手动调整自动贝塞尔曲线的方向手柄，可将其转换为连续贝塞尔曲线关键帧▓。

"自动贝塞尔曲线"是默认的空间插值方法，如图 5.16 所示。

4. 连续贝塞尔曲线

与"自动贝塞尔曲线"插值一样，"连续贝塞尔曲线"插值通过关键帧创建平滑的变化速率。可以手动设置连续贝塞尔曲线方向手柄的位置，所作的调整将更改关键帧任意一侧的值图表或运动路径段的形状。

如果将"连续贝塞尔曲线"插值应用于某个属性的所有关键帧，Premiere 将调整每个关键帧的值以创建平滑的过渡。当运动路径或值图表上移动连续贝塞尔曲线关键帧时，Premiere 将保持这些平滑的过渡，如图 5.17 所示。

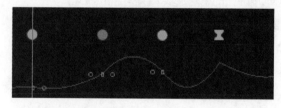

■ 图 5.16 自动贝塞尔曲线

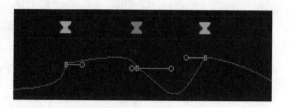

■ 图 5.17 连续贝塞尔曲线

5. "定格"插值

"定格"插值仅在作为"临时插值"方法时才可用。使用它可随时间更改关键帧属性的值，但过渡不是渐变的。第一个关键帧的值在到达下一关键帧之前将保持不变，但在到达下一关键帧后，值将立即发生更改。在值图表中，定格关键帧之后的图表段显示为水平的直线，如图 5.18 所示。

6. 缓入与缓出

缓入：减慢进入关键帧的值变化；缓出：缓慢离开关键帧的值变化。如图 5.19 所示。

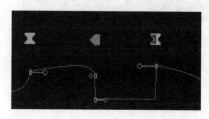

■ 图 5.18 定格插值

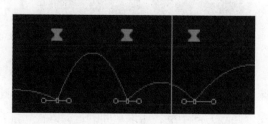

■ 图 5.19 缓入与缓出

5.3 设置不透明度效果

在"时间轴"面板中，有多个视频轨道，不同视频轨道上的镜头是从上到下覆盖的关系，位于上层轨道之中的镜头优先显示，将覆盖屏幕中相同区域的下层镜头。一般称上层轨道中的镜头为前景，下层轨道中的镜头为背景。前景画面和背景画面的叠加将形成视频合成效果。在 Premiere Pro CC 软件中，前景画面和背景画面的叠加可以通过设置"不透明度"与"混合模式"实现。

5.3.1 设置不透明度

在"效果控件"面板中为剪辑添加"不透明度"关键帧，来实现画面间的淡入 / 淡出效果。下面通过不透明度关键帧的设置，实现日出和日落效果。

在"时间轴"序列窗口的视频 1 轨道的零点处插入"日出 1.jpg"，并设置其播放长度为 4 秒。在"时间轴"序列窗口的视频 2 轨道的 00：00：02：00 处插入"日出 2.jpg"，并设置其播放长度为 6 秒。在"时间轴"序列窗口的视频 1 轨道的 00：00：06：00 处插入"日出 1.jpg"，并设置其播放长度为 4 秒。时间轴轨道内容如图 5.20 所示。

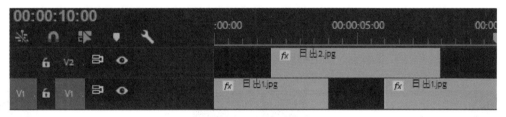

■ 图 5.20　轨道内容

1. 在"效果控件"面板设置不透明度关键帧

移动编辑标记线到 00：00：02：00 处，单击视频 2 轨道的"日出 2.jpg"剪辑，在"效果控件"面板的"不透明度"中设置值为 0%，确定后自动产生一个不透明度的关键帧。移动编辑标记线到 00：00：04：00 处，在"效果控件"的"不透明度"中设置值为 100%，确定后自动产生第二个不透明度的关键帧。移动编辑标记线到 00：00：06：00 处，在"效果控件"的"不透明度"中单击"添加 / 移除关键帧"按钮，产生第三个不透明度的关键帧，如图 5.21 所示。

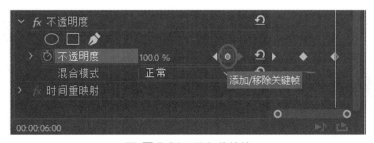

■ 图 5.21　添加关键帧

移动编辑标记线到 00：00：08：00 处，单击视频 2 轨道的"日出 2.jpg"剪辑，在"效果控件"
面板的"不透明度"中设置值为 0%，系统自动产生第四个不透明度的关键帧，如图 5.22 所示。

■ 图 5.22 "不透明度"参数设置

按空格键，并预览效果，可以看到从日出到日落的效果，如图 5.23 所示。

■ 图 5.23 视频轨道图像叠加效果

2. 在"时间轴"序列窗口设置不透明度关键帧

选中轨道剪辑"日出 2.jpg"，右击效果徽章按钮 fx，在弹出的快捷菜单中选择"不透明度"
命令。使用"钢笔"工具直接在轨道剪辑的"不透明度"标记线上单击，添加不透明度关键帧。
左右拖动关键帧可以改变其位置，上下拖动关键帧可以改变其属性值，如图 5.24 所示。

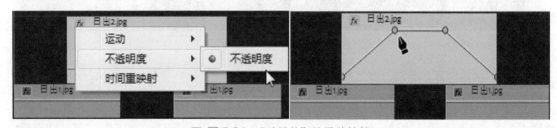

■ 图 5.24 "时间轴"设置关键帧

使用"钢笔"工具在"时间轴"序列窗口添加不透明度关键帧，十分便捷。如图 5.25 所示，
为"日出 1.jpg"制作了淡入、淡出效果。

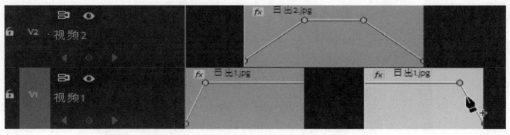

■ 图 5.25 "时间轴"内容

5.3.2 不透明度蒙版

Premiere Pro CC 的很多视频效果都带有蒙版功能，蒙版的类型有三类：创建椭圆形蒙版、创建 4 点多边形蒙版及自由绘制贝塞尔曲线。三类蒙版如图 5.26 所示。

■ 图 5.26 蒙版类型

1. 不透明度蒙版参数

蒙版添加后可以在"效果控件"面板看到蒙版的参数，如图 5.27 所示。

■ 图 5.27 蒙版参数

● 蒙版路径：用于向前或向后跟踪蒙版控件，单击扳手图标![icon]可修改跟踪蒙版的方式。"位置"只跟踪从帧到帧的蒙版位置；"位置和旋转"在跟踪蒙版位置的同时，根据各帧的需要更改旋转情况；"位置、缩放和旋转"跟踪蒙版位置的同时，随着帧的移动而自动缩放和旋转。

● 蒙版羽化：羽化可柔化蒙版选区边界，使其与选区外的区域相融合。

● 蒙版不透明度：调整蒙版的不透明度，不透明度越小，蒙版下方的区域就越清晰。

● 蒙版扩展：扩展或收缩蒙版区域。蒙版扩展导线在节目监视器上显示为实心蓝线，可帮助精确扩展或收缩蒙版区域。

2. 利用不透明度蒙版完成视频合成

视频 1 轨道放置了"野生动物 .wmv"，视频 2 轨道放置了"海上日出 .MP4"，如图 5.28 所示。

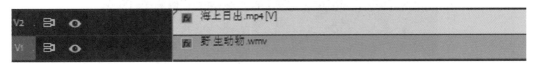

■ 图 5.28 轨道内容

为"海上日出 .MP4"添加 4 点多边形不透明度蒙版，将"蒙版羽化"值设置为"60.0"，"蒙版扩展"值为"9.0"，实现两个视频的合成效果，如图 5.29 所示。

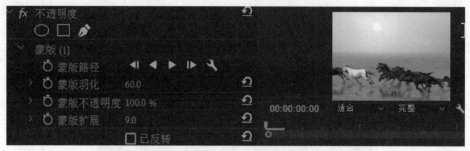

■ 图 5.29　蒙版参数

按空格键并预览效果，可以看到两个视频的合成效果，如图 5.30 所示。

■ 图 5.30　混合效果

5.3.3　设置混合模式

在 Premiere Pro CC 软件中，可以使用"混合模式"完成上下两个轨道中剪辑的视频合成效果。在"时间轴"面板内选中剪辑，打开"效果控件"面板，单击 ▶ fx 不透明度 "不透明度"左侧的 折叠按钮，展开"不透明度"选项，单击"混合模式" 混合模式　正常 右侧的下拉菜单 按钮，弹出"混合模式"下拉菜单，如图 5.31 所示。

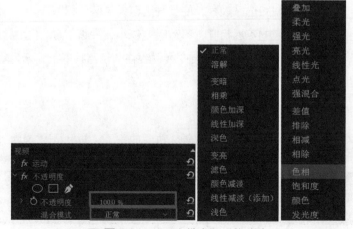

■ 图 5.31　"混合模式"下拉菜单

1. 混合模式类别

"混合模式"菜单，根据混合模式结果之间的相似程度分为：正常、减色、加色、复杂、差值和HSL六个类别，这些类别在菜单中以分隔线隔开。这里将上一视频轨道的剪辑内容称为前景，下一视频轨道剪辑的内容称为背景，混合模式都是在前景剪辑上添加的。

（1）正常类别

正常类别包括正常、溶解。当前景剪辑不透明度小于100%时，前景和背景会产生融合效果。否则像素的结果颜色不受背景像素的颜色影响。"溶解"混合模式会将剪辑中的一些像素变成透明。

（2）减色类别

减色类别包括变暗、相乘、颜色加深、线性加深、深色。这些混合模式往往会使颜色变暗，例如变暗模式，每个结果颜色通道值是前景颜色通道值和相应背景颜色通道值之间较暗的一个。

（3）加色类别

加色类别包括变亮、滤色、颜色减淡、线性减淡（添加）、浅色。这些混合模式往往会使颜色变亮，例如滤色模式，是将通道值的补色相乘，然后获取结果的补色。

（4）复杂类别

复杂类别包括叠加、柔光、强光、亮光、线性光、点光、强混合。这些混合模式会根据某种颜色是否比50%灰色亮，对前景和背景颜色执行不同的操作。

（5）差值类别

差值类别包括差值、排除、相减、相除。这些混合模式会根据前景颜色和背景颜色值之间的差值创建颜色。产生出类似胶片负片的感觉。

（6）HSL 类别

HSL 类别包括色相、饱和度、颜色、发光度。这些混合模式会将颜色的 HSL 表示形式（色相、饱和度和发光度）中的一个或多个分量从背景颜色转换为结果颜色。

2. 利用混合模式完成视频合成

例如，在视频 1 轨道放置了"野生动物 .wmv"作为背景视频，视频 2 轨道放置了"海上日出 .MP4"作为前景视频，对"海上日出 .MP4"设置不同的混合类型，效果如图 5.32 所示。

背景视频　　　　　　　　　　　　　　前景视频

■ 图 5.32　不同混合模式

■ 图 5.32　不同混合模式（续）

5.4 设置时间重映射效果

使用"时间重映射"，可以为一个视频剪辑的不同部分设置不同的播放速度，例如为剪辑的不同部分设置不同的快、慢镜头等；"时间重映射"还可以实现倒放镜头和制作静帧画面。

5.4.1　设置剪辑播放速度

速度关键帧的设置方法和不透明度关键帧一样，既可以在效果控件面板完成，也可以在时间轴序列窗口完成。

1. 在效果控件面板设置速度关键帧

在"时间轴"窗口的视频 1 轨道的零点处插入"野生动物 .wmv"。

移动编辑标记线到 00：00：04：04 处，在"效果控件"的"时间重映射"下的"速度"选项的右侧，单击"添加 / 删除关键帧"按钮，在此位置添加第一个速度关键帧，如图 5.33 所示。

相同的方法在 00：00：07：02 的位置添加第二个速度关键帧，如图 5.34 所示。这样两个关键帧把剪辑划分了三段，第一段的内容是马群奔跑、第二段的内容是飞翔的鸟群、第三段为视频剩余的内容。下面将第一段剪辑内容设置为慢镜头，第二段剪辑的内容设置为快镜头。

使用工具箱上的选择工具，当其移动到"效果控件"时间轴视图的速度线上时，鼠标形状发生变化，按住鼠标向下拖动，观察速度值已经由 100% 变为 50%，速度变慢同时时间延长，如图 5.35 所示。

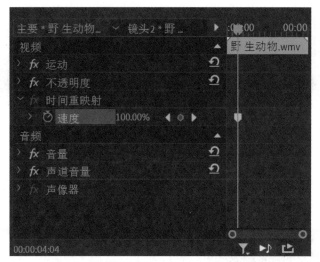

■ 图 5.33　添加第一个速度关键帧

■ 图 5.34　添加第二个速度关键帧

■ 图 5.35　制作慢镜头

同样的操作方法，在第二段速度线上向上拖动，观察速度值已经由 100% 变为 150%，速度变快的同时时间缩短，这时是制作快镜头，如图 5.36 所示。

■ 图 5.36　制作快镜头

速度关键帧实际上是两个相邻的图标，可以把这两个图标移开，来创建具有过渡效果的速度渐变，如图 5.37 所示。

■ 图 5.37　制作速度的平滑过渡效果

2. 在时间轴序列窗口设置速度关键帧

选中轨道剪辑"野生动物 .wmv"，右击效果徽章按钮 fx，在弹出的快捷菜单中选择"时间重映射 | 速度"命令，如图 5.38 所示。

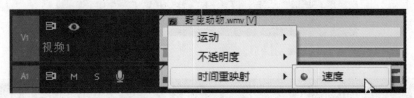

■ 图 5.38　"速度"关键帧

移动播放标记线到 00：00：04：04 处，在"时间轴"序列窗口的单击"添加 - 移除关键帧"按钮，在此位置添加第一个速度关键帧，如图 5.39 所示。

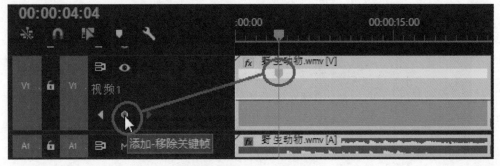

■ 图 5.39　添加速度关键帧

在移动播放标记线到 00：00：07：02 处，用"钢笔"工具单击，添加第二个速度关键帧，如图 5.40 所示。

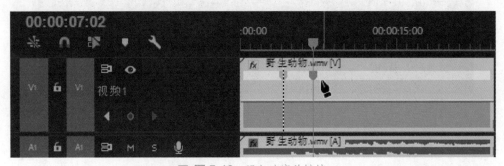

■ 图 5.40　添加速度关键帧

用"选择"工具向下拖动第一段速度标记线,速度减小为 50%,时间变长,制作了第一段慢镜头。用"选择"工具向上拖动第二段速度标记线,速度增大到 150%,时间变短,制作了第二段快镜头,如图 5.41 所示。

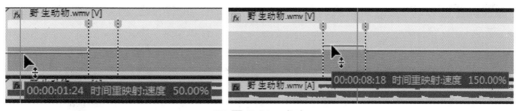

■ 图 5.41　变速

速度关键帧 ▮▮ 是两个相邻的图标,可以把这两个图标移开,来创建具有过渡效果的速度渐变,如图 5.42 所示。

■ 图 5.42　过渡速度

5.4.2　设置倒放镜头与静帧镜头

利用"时间重映射"的速度关键帧,还可以设置倒放镜头和静帧镜头画面。

1. 设置倒放镜头

制作倒放的镜头效果,可以按住【Ctrl】键的同时,向右拖动速度关键帧,直至设置倒放效果的结束位置为止。释放鼠标后可以看到系统自动为视频剪辑添加了两个速度关键帧,在原有的速度"关键帧"与新增加的第一个速度"关键帧"之间有一串 ≪≪≪ 箭头标记,此段区间的内容为倒放的内容,观察此时的速度值为 –100.00/ 秒,负数表示倒放速度,如图 5.43 所示。

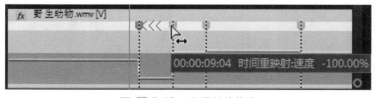

■ 图 5.43　设置倒放镜头

2. 设置静帧镜头

按住【Ctrl+Alt】键的同时向右拖动速度 ▮▮ 关键帧，直至设置冻结帧的结束位置为止，释放鼠标后，系统将自动在结束位置添加一个新的速度 ▮▮ 关键帧，在两速度关键帧之间有一串 ▮▮▮▮▮▮ 竖线标记，此段区间的内容为静帧画面，此时的速度值为 0.00/ 秒，如图 5.44 所示。

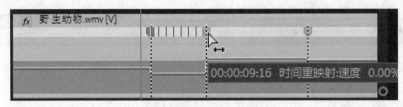

■ 图 5.44　静帧设置

"时间重映射"功能既可以在"效果控件"面板完成，也可以在"时间轴"面板完成。

注意：

在 Premiere Pro CC 中要改变剪辑的播放速度有很多种方法。

● 在"效果控件"中设置"时间重映射"选项速度关键帧的方法。

● 使用"剪辑"菜单中的"速度 / 持续时间"命令。

● 使用工具箱上的"比率拉伸工具" ◄►。

5.5 应用实例——多视频画面连续动态播放

本实例制作的是多视频画面的连续动态播放效果。

要求：第一个镜头从屏幕的左上角旋转进入到达屏幕中心，所用时间为 2 秒；然后再经过 2 秒放大至满屏；继续播放 2 秒后，第二段、第三段、第四段视频都以相同的方式进入播放；在整个视频尾的位置制作视频的淡出效果；最后为整个作品添加背景音乐。

多视频画面
连续动态播放

案例通过设置视频的位置关键帧、缩放关键帧、旋转关键帧、不透明度关键帧及复制粘贴关键帧来完成，如图 5.45 所示。

■ 图 5.45　多视频画面连续动态播放效果

操作步骤:

1. 新建项目文件并导入剪辑

新建项目"连续播放多个视频画面 .prproj",导入剪辑文件夹"多画面连续播放"到项目面板中。

2. 新建序列

新建序列,设置"DV-PAL"制式中"标准 48 KHz",序列名称为"美景",如图 5.46 所示。

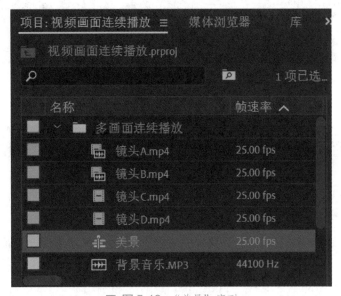

■ 图 5.46　"美景"序列

3. 制作第一个镜头的播放效果

将"镜头 A.mp4"放置在"时间轴"序列窗口的 V1 轨道零点处。设置视频缩放值(30.0),位置移动至(−115.0,−88.0),添加位置关键帧和旋转关键帧,如图 5.47 所示。

■ 图 5.47　设置第一组关键帧

移动播放线至 2 秒处，将视频画面移动至屏幕中心（360，288），系统自动添加位置关键帧；单击"缩放"前方的"切换动画"按钮，添加第一个缩放关键帧；设置旋转值（360°），系统自动添加第二个旋转关键帧，如图 5.48 所示。

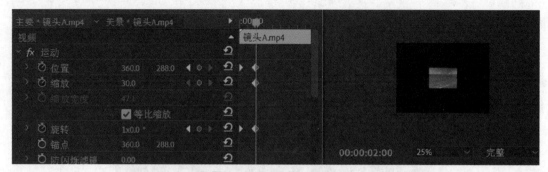

■ 图 5.48　设置第二组关键帧

移动播放线至 4 秒处，设置缩放值（100），系统自动添加第二个缩放关键帧，如图 5.49 所示。

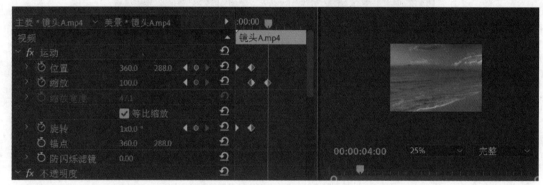

■ 图 5.49　设置第三组关键帧

4. 制作第二个镜头的播放效果

移动播放线至 6 秒处，在视频 2 轨道的 6 秒处放置"镜头 B.mp4"。时间轴序列窗口的轨道内容如图 5.50 所示。

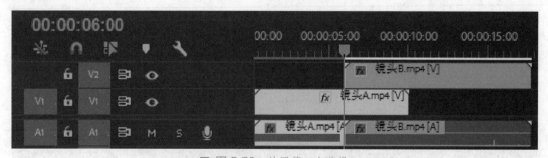

■ 图 5.50　放置第二个剪辑

选中 V1 轨道的"镜头 A.mp4"，在"效果控件"面板选中它的所有关键帧，在快捷菜单中选择"复制"命令，如图 5.51 所示。

■ 图 5.51 复制关键帧组

选中 V2 轨道的"镜头 B.mp4",在"效果控件"面板的快捷菜单中选择"粘贴"命令。"镜头 B.mp4"就复制粘贴了"镜头 A.mp4"的所有关键帧,如图 5.52 所示。

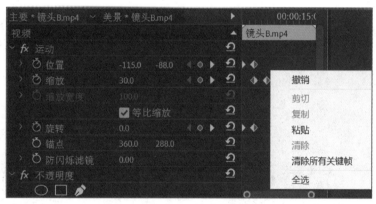

■ 图 5.52 粘贴关键帧

5. 制作其他镜头的播放效果

在 V3 轨道的第 12 秒和 V4 轨道的第 18 秒的位置,分别放置"镜头 C.mp4"和"镜头 D.mp4"。用相同的方法复制粘贴关键帧,完成这两个剪辑的制作。轨道顺序如图 5.53 所示。

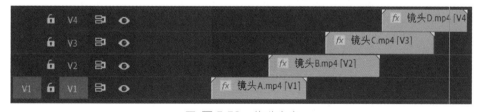

■ 图 5.53 轨道内容

6. 制作淡出效果

在"镜头 D.mp4"的最后 2 秒,设置淡出效果。在"时间轴"序列窗口,利用"钢笔"工具添加两个不透明度关键帧,实现淡出效果,如图 5.54 所示。

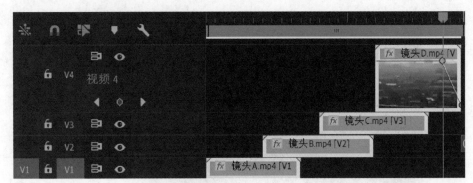

■ 图 5.54　淡出效果

7. 添加背景音乐

将"背景音乐 .MP3"放置在 A1 轨道，并用"选择"工具将其多出视频的部分截去，使得视频和音频部分首尾对齐，如图 5.55 所示。选中所有轨道剪辑，在快捷菜单中选择"链接"命令，将它们链接为一个整体。

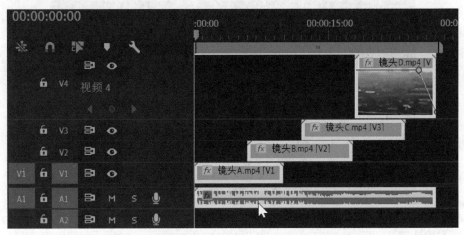

■ 图 5.55　添加背景音乐

8. 保存项目文件

按【Enter】键进行序列内容的渲染，预览结果并保存项目文件。

习　　题

习题内容请扫下面二维码。

习题内容

第 *6* 章

视频过渡效果

视频过渡也称为视频转场效果。它是指在一段视频结束之后以某种效果切换到另一段视频的开始处。Premiere Pro CC 提供了大量可应用于剪辑的视频过渡效果，如交叉溶解、叠加溶解、翻转、翻页和页面剥落等视频过渡效果等。视频过渡效果可以添加到两个镜头接点之间，也可以只将视频过渡效果应用于剪辑的开头或结尾处。

◎ 学习要点

- 了解视频过渡效果的种类
- 掌握添加、替换、预览过渡效果
- 掌握使用 A/B 模式微调过渡的方法
- 掌握视频过渡效果的参数设置
- 掌握批量添加视频过渡的方法

◎ 建议学时

上课 1 学时，上机 2 学时。

6.1 视频过渡概述

一个视频作品是由多个视频片段组成的，一个视频片段称之为一个镜头或剪辑，镜头是构成影片的基本要素。镜头切换（Cut）分"硬切"和"软切"两种："硬切"是指两个镜头之间没有添加任何视频过渡效果，直接剪接在一起；对于两段视频内容差别太大的剪辑，如果"硬切"会显得十分生硬。"软切"是指在镜头接点之间添加视频过渡效果，这会使得镜头的衔接更加自然、流畅。在剪辑之间添加视频过渡会形成动画效果，过渡用于将场景从一个镜头移动到下一个镜头。

6.1.1 视频过渡原理

在两个镜头之间添加一个视频过渡，需要二者镜头之间有部分内容交叉重叠，这部分交叠的镜头称之为过渡帧。所以，在应用过渡之前，应先修剪剪辑。修剪越多，在过渡中可以使用的帧数就越多。

1. 剪辑柄

"剪辑柄"是指在两个剪辑中，前一个剪辑的出点之后的剪辑和后一个剪辑入点之前的剪辑，常用来添加视频过渡。

如果一个剪辑没有被编辑过就没有剪辑柄，在添加视频过渡时，其包含的帧数就会不足，因为没有额外的剪辑用于添加过渡。这时 Premiere Pro 会显示"媒体不足。此过渡将包含重复的帧"提示，这时的过渡只能通过使用重复帧来实现。Premiere Pro 会通过重复结尾帧（或者起始帧）以形成剪辑的冻结帧，从而自动生成其剪辑手柄。"时间轴"面板中显示的此类过渡会带有贯穿整个过渡条的倾斜竖条，如图 6.1 所示。

■ 图 6.1　过渡参数

所以，在剪辑之间添加过渡时，要确保在第一个剪辑的结尾和下一个剪辑的开头设置剪辑手柄。可以在时间轴中选择剪辑，然后使用波纹编辑工具修剪前一个剪辑的尾部和后一个剪辑的首部，使相邻剪辑都产生剪辑柄，然后添加视频过渡效果。

2. 单边过渡

在一个剪辑的首或尾的位置，可以直接添加视频过渡效果，完成单边过渡，如图 6.2 所示。

也可以按住【Ctrl】键然后拖动某视频过渡效果，将其拖动至前一剪辑的尾，和后一剪辑的首的位置，分别添加两个单边过渡效果。单边过渡效果的添加不需要有剪辑柄。所以当前、后两个视频之间没有剪辑柄，且不希望添加视频过渡效果时使用重复帧的时候，可以考虑在两个视频的接点处分别使用单边过渡，如图 6.3 所示。

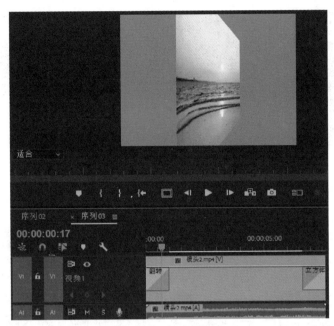

■ 图 6.2　单边过渡

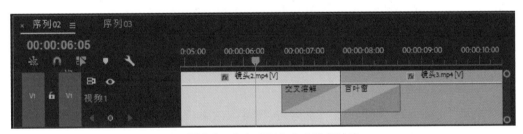

■ 图 6.3　接点两侧的单边视频过渡

两个单边调整的过渡效果，如图 6.4 所示。

■ 图 6.4　过渡效果

3. 双边过渡

"双边过渡"在两个剪辑之间添加视频过渡效果。在前一个剪辑尾的位置，后一个剪辑开始淡入进入；在后一个剪辑首的位置，前一个剪辑开始淡出离开，以这样的形式完成过渡，如图 6.5 所示。

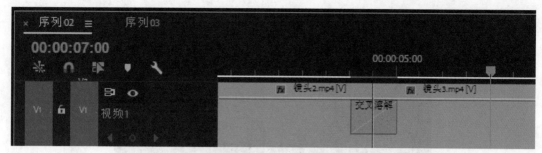

■ 图6.5　双边过渡效果

如图 6.6 所示，在剪辑 A 和剪辑 B 之间使用了"交叉溶解"的视频过渡效果。

■ 图6.6　淡入／淡出效果

6.1.2　添加、设置、替换视频过渡效果

1. 添加视频过渡效果

在"效果"面板上的"视频过渡"文件夹中选中某效果，将其拖动到"时间轴"序列窗口两段轨道剪辑之间的交接线上，将会出现下面三种鼠标形状：

▶➕：视频过渡设置在两剪辑之间。

▶▷：视频过渡效果的起点与后一剪辑的入点对齐。

▶◁：视频过渡效果的结束点与前一剪辑的出点对齐。

视频过渡效果可以添加在某一剪辑的两端，也可以添加到两段剪辑之间。

下面为两段剪辑的三个位置：即第一个剪辑的开始处、两段剪辑之间和第二个剪辑的结束位置，添加了三个剪辑的切换效果，如图 6.7 所示。

■ 图6.7　添加剪辑间的过渡效果

这里在三个位置分别添加不同的切换效果，其效果如图 6.8 所示。

■ 图 6.8 应用剪辑过渡效果后的效果图

2. 预览视频过渡效果

单击"节目"监视器窗口的"播放"按钮；或直接拖动时间轴上的编辑标记线，在"节目"
监视器窗口进行效果的预览。

3. 视频过渡效果的设置

在"窗口"菜单中选择"效果控件"命令，打开"效果控件"面板。利用该面板可以进行视
频过渡效果的参数设置。

视频过渡效果的参数都大致相同，这里以视频过渡效果中"擦除"文件夹中"双侧平推门"
的效果为例，说明视频过渡效果的参数设置方法。

（1）在"时间轴"序列窗口的两剪辑间添加"双侧平推门"视频过渡效果。

（2）在"时间轴"序列窗口，单击已经添加到剪辑衔接处的视频过渡效果"双侧平推门"。
观察"效果控件"面板，如图 6.9 所示。

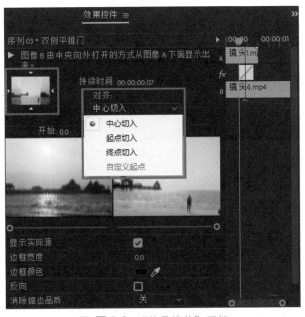

■ 图 6.9 "效果控件"面板

（3）将"效果控件"中的"显示实际源"复选框选中，两剪辑画面随即在"效果控件"
打开。

（4）在面板的左上角有一个预览缩略图，缩略图的四周各有四个小箭头按钮，单击这些按钮可以改变开门的方向。

（5）设置视频过渡的时间长短，可用下面的方法完成。

- 直接在"效果控件"的 持续时间 00:00:01:00 中设置。
- 直接拖动"效果控件"的时间轴上的效果标记 的两端。
- 直接拖动时间轴窗口的效果标记 双侧平推门 的两端。

（6）在"效果控件"中"对齐"右侧的下拉列表中可以选择效果相对与剪辑的位置。

（7）"开始"和"结束"项：用于控制效果的起始和终止状态。

默认的状态下视频过渡效果是平滑的。如果在这里设置了"开始"值为50，那么视频效果的开始是后一剪辑立刻以一定的角度进入，这时的过渡就不再平滑而是有跳跃的。

（8）"边框宽度"和"边框颜色"是指切换时的边界宽度和边界的颜色；"反向"是设置反向的切换效果，若当前是"关门"效果，则反向后成为"开门"的效果。"消除锯齿品质"来设置切换效果的边界是否要消除锯齿，可根据要求选择其中的"关闭、低、中、高"等选项。

4. 视频过渡效果的替换

要把当前的视频过渡效果替换为其他形式的切换效果时，只需要将新的视频过渡效果拖动到"时间轴"序列窗口中原有的效果上即可，系统将自动替换原有的视频过渡效果。

5. 视频过渡效果的其他操作

（1）设置默认视频过渡效果

在"效果"面板上的"视频过渡"项下选中某效果，利用其快捷菜单中的"设置所选择为默认过渡"命令。

（2）同时为多段剪辑应用默认切换效果

在"时间轴"序列窗口选中多段剪辑，利用菜单"序列 | 应用默认过渡到所选择项"命令，将默认视频过渡效果同时应用于多个剪辑的衔接处。

（3）清除视频过渡效果

在"时间轴"序列窗口选中要清除的视频过渡效果，在快捷菜单中选"清除"命令。

单击"节目"监视器窗口的"播放"按钮，或直接拖动时间轴上的编辑标记线，在"节目"监视器窗口进行效果的预览。

6. A/B 模式微调过渡

在"效果控件"面板中，单击"显示/隐藏时间轴视图"，可以打开 A/B 编辑模式，该模式将单个视频轨道拆分为上下两个，如图 6.10 所示。

在 A/B 模式中，当鼠标移动到过渡条的不同位置，会显示不同的鼠标形状，进行不同的过渡操作。

（1）单边调整过渡的起始和结束位置

当鼠标变为单边调整工具时，可以在过渡的开始或者结束位置使用，它会改变过渡的入点或者出点位置，所以它会改变过渡的持续时间，如图 6.11 所示。前后两段剪辑接点位置不变。

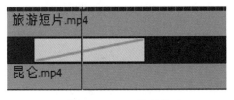

■ 图 6.10 A/B 编辑模式

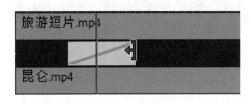

■ 图 6.11 单边调整

（2）滑动工具

当鼠标变为滑动工具时，它不改变过渡的持续时间。在左右滑动的过程中会同时改变过渡的入点和出点。前后两段剪辑的接点位置不变，如图 6.12 所示。

（3）滚动工具

移动鼠标至接点处，鼠标变成滚动编辑工具，它不改变过渡的持续时间。在左右滚动的过程中会改变前后两段剪辑的接点位置，从而也会同时改变过渡的入点和出点，如图 6.13 所示。

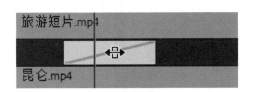

■ 图 6.12 滑动工具

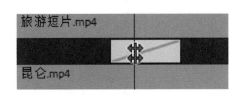

■ 图 6.13 滚动工具

6.2 视频过渡类型

Premiere Pro CC 提供了"3D 运动""内滑""划像""擦除""沉浸式视频""溶解""缩放""页面剥落"等八类视频过渡效果文件夹，如图 6.14 所示。

6.2.1 3D 运动

"3D 运动"包括立方体旋转和翻转两个过渡效果。

1. 立方体旋转

"立方体旋转"视频过渡，是指图像 A 旋转以显示图像 B，两幅图像分别映射到立方体的两个侧面，效果如图 6.15 所示。

2. 翻转

"翻转"视频过渡，是指图像 A 翻转到所选颜色后，显示图像 B。在"效果控件"面板中单

击"自定义"按钮，可以设置翻转后填充的颜色和色带数量，如图 6.16 所示

■ 图 6.14 视频过渡效果文件夹

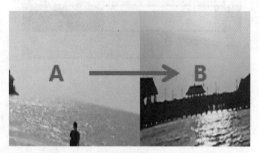

■ 图 6.15 "立方体旋转"视频过渡

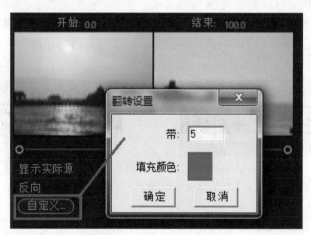

■ 图 6.16 过渡参数设置

翻转的过渡效果从左至右，如图 6.17 所示。

■ 图 6.17 效果截图

6.2.2 内滑

"内滑"类视频过渡，包括"中心拆分""内滑""带状滑动""拆分""推""急摇"等内容。

是以相邻的镜头画面平行移动来实现视频过渡。这里介绍"带状滑动"和"推"两个过渡效果。

1. 带状滑动

"带状滑动"视频过渡，图像 B 在水平、垂直或对角线方向上以条形滑入，并逐渐覆盖图像 A。在"效果控件"面板可以设置带子的颜色、粗细等信息。设置边缘选择器，可以更改过渡的方向或指向，其效果如图 6.18 所示。

■ 图 6.18　"带状滑动""自西向东"方向视频过渡效果

2. 推

"推"视频过渡，在两个相邻的剪辑 A 和剪辑 B 中，剪辑 B 画面可以在上、下、左和右四个方向上将剪辑 A 画面推出，显示剪辑 B 画面。这个视频过渡效果也经常用于文字视频层上。在视频 2 轨道放置文字剪辑，在视频 1 轨道放置视频剪辑。将"推"视频过渡效果分别放置在文字剪辑的首部和尾部。轨道内容如图 6.19 所示。

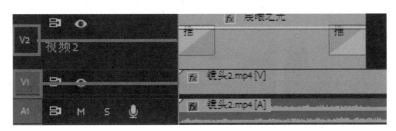

■ 图 6.19　"推"视频过渡效果

两个视频过渡效果的"边缘选择器"都选择"自北向南"的方向，完成文字自上而下的出现顺序。效果如图 6.20 所示。

■ 图 6.20　效果截图

6.2.3 划像

"划像"类视频过渡是以某个形状进行划像，来进行画面的过渡。

1. 交叉划像

"交叉划像"视频过渡，是打开交叉形状擦除，来显示图像 A 下面的图像 B。

以剪辑 A 画面为前景，以剪辑 B 画面为背景，前景剪辑 A 画面在屏幕中心，以"十"字图形方式向四周展开，渐渐被擦除，显示出背景剪辑 B 画面，如图 6.21 所示。

■ 图 6.21 "交叉划像"效果

2. 圆划像、盒形划像、菱形划像

这三个视频过渡效果，都是以剪辑 A 画面为前景，以剪辑 B 画面为背景，前景剪辑 A 画面在屏幕中心，分别以"圆""盒形""菱形"图形方式向四周展开，渐渐被擦除，显示出背景剪辑 B 画面，效果如图 6.22 所示。

■ 图 6.22 效果截图

6.2.4 擦除

"擦除"类视频过渡，是以擦除的方式进行画面切换的。这个效果夹中所包含的内容较多，如图 6.23 所示。使用方法都很类似，这里只列举两个擦除类的效果。

■ 图 6.23 "擦除"效果

1. 径向擦除

"径向擦除"视频过渡，在两个相邻的剪辑 A 和剪辑 B 中，以某个角为中心，扫掉擦除图像 A，以显示出下面的图像 B 的画面，如图 6.24 所示。

在"效果控件"面板中，设置边缘选择器，可以更改过渡的方向或指向，单击视频过渡缩略图上的边缘选择器箭头即可。

■ 图 6.24 "径向擦除"自西北向东南效果

2. 棋盘擦除

"棋盘擦除"视频过渡，在两个相邻的剪辑 A 和剪辑 B 中，以棋盘块的方式擦除 A 显示 B 的内容，在"效果控件"面板中，设置边缘选择器，可以更改过渡的方向或指向，单击视频过渡缩略图上的边缘选择器箭头即可。"棋盘擦除"方向指定为"至西向东"，效果如图 6.25 所示。

■ 图 6.25 "棋盘擦除"方向为"至西向东"过渡效果

6.2.5　溶解

"溶解"类视频过渡包括"交叉溶解""叠加溶解""白场过渡""黑场过渡""胶片溶解""非叠加溶解""MorphCut"等内容。这一组过渡效果都是以渐隐的方式，实现视频过渡的。这里介绍两个溶解效果。

1. 交叉溶解

"交叉溶解"视频过渡是在两个相邻的剪辑 A 和剪辑 B 中，剪辑 B 画面渐渐淡入，剪辑 A 画面渐渐淡出，完成视频的过渡，如图 6.26 所示。

■ 图 6.26 "交叉溶解"视频过渡效果

溶解类效果，也经常用在标题字幕的显示上，如图 6.27 所示，在视频 2 轨道放置了文字剪辑，在视频 1 轨道放置了视频剪辑，在视频 2 的文字剪辑两端各添加了"交叉溶解"视频过渡效果。

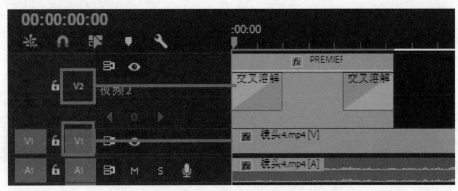

■ 图 6.27　文字添加效果

在文字剪辑首部的"交叉溶解"过渡效果实现文字的淡入操作，在其尾部的"交叉溶解"过渡效果实现文字的淡出操作，效果如图 6.28 所示。

■ 图 6.28　效果截图

2. 白场（黑场）过渡

"白场过渡"视频过渡，在两个相邻的剪辑 A 和剪辑 B 中，剪辑 A 画面淡化到白色，剪辑 B 画面随着白色渐渐减淡显现出来，效果如图 6.29 所示。

■ 图 6.29　"白场过渡"视频过渡效果

有时在影视剧中，为了切换场景或者渲染某种气氛，经常会做一些闪白或者闪黑的效果，这时可以用"剃刀工具"将剪辑断开，然后在接点处添加"白场过渡"或者"黑场过渡"的过渡效果，效果如图 6.30 所示。

■ 图 6.30 渐隐过渡效果

也可以不用"剃刀工具"将剪辑断开，直接在"调整图层"上添加视频过渡效果。在"调整图层"添加视频过渡效果如图 6.31 所示，在"调整图层"两端添加了"白场过渡"和"黑场过渡"效果。

■ 图 6.31 在"调整图层"添加视频过渡效果

3. 叠加溶解与非叠加溶解

"叠加溶解"出现类似高光效果过渡，如图 6.32 所示。

■ 图 6.32 叠加溶解

"非叠加溶解"只将剪辑 B 的高光部分进行溶解，如图 6.33 所示。

■ 图 6.33 非叠加溶解

4. 胶片过渡

剪辑 B 亮度高的部分先出现，剪辑 B 亮度低的部分后出现；剪辑 B 亮度高的地方剪辑 A 先消失，剪辑 B 亮度低的地方剪辑 A 后消失，效果如图 6.34 所示。

■ 图 6.34　胶片过渡

5. MorphCut 过渡

采用脸部跟踪和可选流插值的高级组合，在剪辑之间形成无缝过渡。常将 Morph Cut 应用到剪辑具有一个人物头部特写和静态背景的固定镜头。当进行人物专访时，如果中间出现一段不想要的镜头，将该镜头剪切后，为保证在接点位置的过渡是平滑的，可以使用该效果。

应用 Morph Cut 效果后，在后台立即开始剪辑分析。如图 6.35 左侧图所示，"在后台进行分析"显示在"节目"监视器中，表明正在执行分析。

■ 图 6.35　MorphCut 过渡

在完成分析后，将以编辑点为中心创建一个对称过渡。如图 6.35 右侧图所示。过渡持续时间符合为"视频过渡默认持续时间"指定的默认 30 帧。使用"首选项"对话框可以更改默认持续时间。

6.2.6　缩放

"缩放"类视频过渡是以相邻的镜头画面放大和缩小的方式实现的。

"交叉缩放"视频过渡，图像 A 画面渐渐放大后退出屏幕，接着图像 B 画面进入屏幕渐渐缩小到正常，如图 6.36 所示。

■ 图 6.36 "交叉缩放"参数设置

6.2.7　页面剥落

"页面剥落"类视频过渡是以页面卷曲、翻页的形式，实现视频过渡。包括"翻页""页面剥落"等视频过渡效果。

1. 翻页

"翻页"视频过渡，从屏幕某个角翻开剪辑 A 画面，剪辑 A 画面背面是透明的，同时显示出剪辑 B 画面，如图 6.37 所示。设置边缘选择器，可以更改过渡的方向或指向，单击视频过渡缩略图上的边缘选择器箭头即可。

■ 图 6.37 "翻页"参数设置

2. 页面剥落

"页面剥落"视频过渡，图像 A 画面为前景，从屏幕某个角卷曲剪辑 A 画面，剪辑 A 画面背面是不透明的且卷曲部分有阴影，同时显示出剪辑 B 画面，设置边缘选择器，可以更改过渡的方向或指向，单击视频过渡缩略图上的边缘选择器箭头即可，如图 6.38 所示。

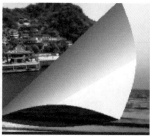

■ 图 6.38 "页面剥落"参数设置

6.3 外挂视频过渡效果

Premiere 的外挂视频过渡效果就是一种可以在 Premiere 中使用的插件程序，它通常由第三方公司制作并提供。随着影视制作技术的发展，Premiere 的外挂视频效果也不断涌现出来。这些外挂效果也极大地丰富了 Premiere 的制作效果。

要在 Premiere 中使用外挂效果，需要先将其下载下来，然后复制或安装到相应的文件夹下才可以使用。如果外挂效果有安装文件的话，就直接将其安装到 Premiere 的默认路径下，重新打开软件就可以使用外挂视频效果了。也可以将外挂效果文件直接复制到 premiere 的安装目录下：C:\Program Files\Adobe\Adobe Premiere Pro CC XXXX\Plug-ins\Common，重新打开 Premiere 软件，在视频效果面板中就可以找到了。

如图 6.39 所示，为 Premiere 安装了 FilmImpact.net 的视频过渡外挂效果，重新打开 Premiere 后，该效果文件夹出现在"视频过渡"文件夹中。

■ 图 6.39　外挂视频过渡效果

外挂视频过渡效果的使用和内置的过渡效果相同，其参数调节也是在"效果控件"面板完成。如图 6.40 所示，为视频 A 和视频 B 添加了"Impact Blur Dissolve"模糊过渡的视频效果。

■ 图 6.40　过渡效果截图

6.4 应用实例——制作唯美电子音乐相册

电子相册就是制作多个剪辑的连续播放效果，在每个剪辑间设置视频过渡效果，并为电子相册配上背景音乐。

制作唯美电
子音乐相册

本案例的项目文件中包括多个序列：在"播放内容"序列中，完成了对多个剪辑进行插入并设置其视频过渡效果；在"背景"序列设置"颜色遮罩"制作出仿旧视频的效果；在"前景"序列中制作带边框效果的视频内容；在最终的"相册"序列中完成前景内容的动态播放和配乐。

1. 新建项目文件、设置默认图片播放时间、新建序列

新建项目文件"视频过渡 .prproj"；在系统菜单选择"编辑 | 首选项 | 时间轴"命令修改静止图像默认持续时间为 2 秒，如图 6.41 所示。

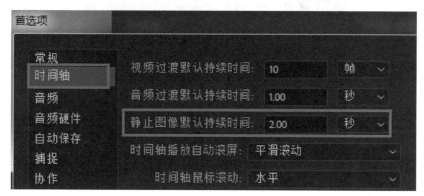

■ 图 6.41 "首选项"设置

选择系统菜单"文件 | 新建 | 序列"命令，根据实际需要选择序列类型，序列名称为"背景"。

2. 导入剪辑、设置默认视频过渡效果

导入剪辑文件夹"图片"和"背景音乐 .MP3"。

在"效果"面板"视频过渡 | 缩放"文件夹中，右击"交叉缩放"，在快捷菜单中选择"将所选过渡设置为默认过渡"命令，如图 6.42 所示。

■ 图 6.42 设置默认过渡效果

3. 批量添加视频过渡效果

在"项目"窗口按照希望出现在作品中的先后顺序，依次选中剪辑。单击项目窗口下方的"自动匹配序列" 按钮，将打开"序列自动化"窗口。设置其"顺序"为"选择顺序"；"剪辑重叠"为"10 帧"；选择"应用默认视频过渡"复选框。设置如图 6.43 所示。

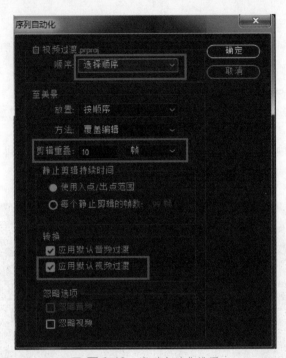

■ 图 6.43　序列自动化设置

确定后，在"时间轴"序列窗口的轨道上，可以看到各个剪辑间自动批量添加了默认的视频过渡效果，如图 6.44 所示。

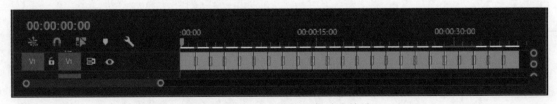

■ 图 6.44　添加默认视频过渡效果

如果对某个位置的过渡效果不满意，可以直接将其他的视频过渡效果拖动至该位置，完成视频过渡效果的替换。

4. 嵌套序列

选中所有轨道剪辑右击，在弹出的快捷菜单中选择"嵌套"命令，在弹出的对话框中设置嵌套序列名称，如图 6.45 所示。

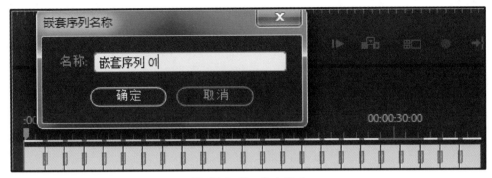

■ 图 6.45　嵌套序列

5. 制作相册背景

单击系统菜单"文件 | 新建 | 颜色遮罩"命令，在"拾色器"中选取 RGB 值为（120，110，60）。将"项目"面板中的"颜色遮罩"拖动至 V2 视频轨道，并使其与其他轨道的剪辑首尾对齐，如图 6.46 所示。

■ 图 6.46　"颜色遮罩"

选中轨道剪辑"颜色遮罩"，在"效果控件"面板更改其"混合模式"为"颜色"。V1、V2 视频剪辑的合成结果，如图 6.47 所示。

■ 图 6.47　混合模式设置

6. 制作具有白色边框相册前景内容

新建序列"前景"，将"项目"面板中的"嵌套序列 01"插入至 V2 轨道零点处。在"效果控件"面板中调整其"缩放"值为 80.0。

单击系统菜单"文件 | 新建 | 颜色遮罩"命令，在"拾色器"中选取 RGB 值为（255，255，255）白色，并将此遮罩命名为"颜色遮罩白"。将"颜色遮罩白"拖动至 V1 轨道零点处，使其首尾与 V2 轨道剪辑对齐；在"效果控制"面板中设置其"缩放"值为 85。效果及轨道剪辑内容如图 6.48 所示。

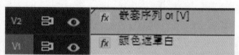

■ 图 6.48 视频效果及视频轨道内容

7. 合成唯美相册内容

新建序列"相册"，将序列"前景"插入至 V2 视频轨道。将序列"背景"放置于 V1 视频轨道，如图 6.49 所示。

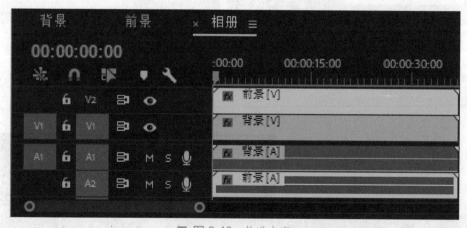

■ 图 6.49 轨道内容

在"效果控件"面板中为"前景"剪辑创建运动关键帧。这里创建了"位置""缩放""旋转"等关键帧组。选中所有"缩放"和"旋转"关键帧右击，在弹出的快捷菜单中选择"自动贝塞尔曲线"命令，使关键帧过渡时比较柔和，如图 6.50 所示。

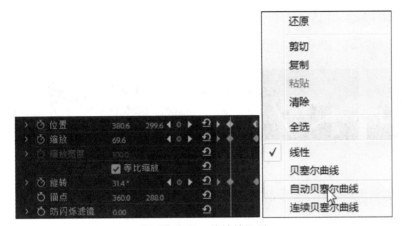

■ 图 6.50　关键帧设置

"效果控件"面板内容以及"节目"监视器窗口内容，如图 6.51 所示。

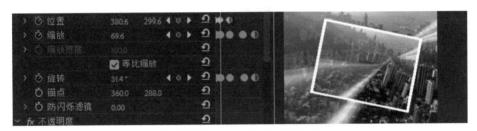

■ 图 6.51　关键帧设置及效果

8. 配乐

将时间轴序列窗口的"前景"选中右击，使用快捷菜单的"取消链接"命令，将其音频部分和视频部分的链接断开，删除其音频部分。同样将"背景"的音频部分也删除。

将"项目"面板中的"背景音乐 .MP3"覆盖至 A1 音频轨道零点处，使其入点和出点与视频部分对齐。

选中所有轨道剪辑右击，在快捷菜单中选择"链接"命令，使其成为一个整体，如图 6.52 所示。

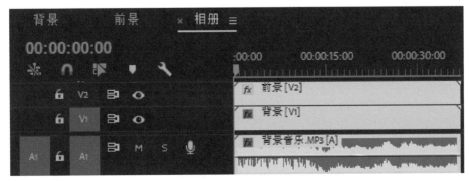

■ 图 6.52　轨道内容

9. 预览效果并保存项目文件

最终效果图（片段），如图 6.53 所示。

■ 图 6.53　效果截图

按【Enter】键进行序列内容的渲染，预览结果并保存项目文件。

习　　题

习题内容请扫下面二维码。

习题内容

第 *7* 章

视频效果

在 Adobe Premiere Pro CC 软件中，效果分为视频效果、视频过渡、音频效果、音频过渡。在视频效果中包括了大量效果，为剪辑添加不同的视频效果，可以突出影片的不同艺术表现力。

◎ 学习要点

- 了解视频效果的分类
- 掌握视频效果添加与控制
- 了解色彩理论
- 掌握图像调整类效果
- 掌握颜色校正类效果
- 掌握模糊锐化类效果
- 熟悉 Lumetri 颜色面板的使用

◎ 建议学时

上课 1 学时，上机 4 学时。

7.1 视频效果的使用

第 6 章中学习了视频过渡效果，视频的过渡效果要添加到两个剪辑之间或一个剪辑的两端，且在某一位置上只能添加一个视频过渡效果。

本章要学习的视频效果则不同，视频效果可以根据实际操作的需要，为一个剪辑添加一个或多个不同的视频效果，也可以为一个剪辑添加多次同一个视频效果。视频效果的参数调整也更加复杂。

7.1.1 视频效果分类

在 Adobe Premiere Pro CC 效果面板的"视频效果"文件夹中分门别类地存放了大量的视频效果文件夹。

1. 效果过滤器

在"效果"面板的搜索文本框旁有三个效果类型的过滤器按钮，如图 7.1 所示。

（1）加速效果

使用经过认证的图形卡 CUDA 加速功能来加速视频的渲染速度。只有系统安装了支持的显卡，此功能才可以使用。CUDA 加速的效果包括基本 3D、黑白、亮度与对比度、剪裁、羽化边缘等。

（2）32 位颜色

支持 32 位的位深度处理的视频效果，指可以使用 32 bpc 像素渲染的效果。包括水平翻转、高斯模糊、亮度键等。

（3）YUV

YUV 可以直接处理 YUV 的值，所以像素值不会转换为 RGB，在调整对比度和曝光度时，也就不会产生变色。YUV 效果包括剪辑名称、时间码、视频限幅器等。

2. 管理常用效果

在效果面板的下方有"新建自定义素材箱"按钮，单击此按钮，"效果"面板中将显示新的自定义素材箱，可以为其重命名。将效果拖到自定义素材箱中，自定义素材箱中将会列出效果的副本。如图 7.2 所示，将自己常用的效果管理到创建的文件夹中，方便日后的使用。若要删除其中的内容，选中效果后直接按【Delete】键或按【Backspace】键。

■ 图7.1　效果过滤器

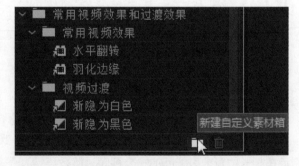

■ 图7.2　自定义效果素材箱

3. 视频效果分类

在"视频效果"文件夹中，根据效果的相似程度分为下面几个大类，如图 7.3 所示。

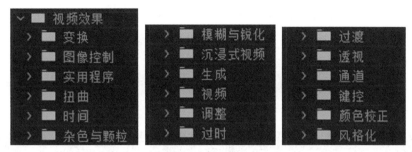

■ 图 7.3　视频效果

这些视频效果将在 7.3 节中详细介绍。

7.1.2　视频效果添加

Adobe Premiere Pro CC 提供了多样化的视频效果添加的方法。由于每个视频效果的参数都不相同，所以与视频过渡效果相比较而言，视频效果的控制会更加复杂。

1. 视频效果的添加

通过"效果控件"面板和"时间轴"面板均可添加视频效果。

（1）通过"效果控件"面板添加视频效果

在"时间轴"面板内选中素材，在"效果"面板内选择所要添加的视频效果，将其拖动至"效果控件"面板内；或者直接双击"效果"面板中的视频效果，在"效果控件"面板都将出现添加的效果，如图 7.4 所示。

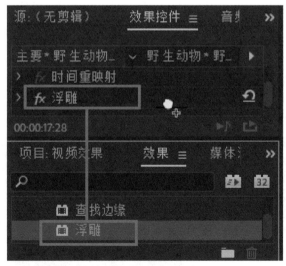

■ 图 7.4　"效果"面板与"效果控件"面板

若要为同一个视频素材添加多个视频效果，可在"效果"面板内按住【Ctrl】键逐个单击选中需要的效果，然后将其拖动至"效果控件"面板内。

注意：当一个视频素材添加了多个视频效果后，视频效果的排列顺序不同，视频显示结果也不同。可以在"效果控件"面板内，直接拖动视频效果以调整其上下位置。

（2）通过"时间轴"面板添加视频效果

在"效果"面板内选择所要添加的视频效果，将其拖动至"时间轴"面板的视频剪辑上，如图 7.5 所示。

■ 图 7.5　通过"时间轴"面板添加视频效果

无论使用哪种方法添加视频效果，其参数值都可以在"效果控件"面板内调整。

2. 视频效果的清除

在"时间轴"面板内选中素材，然后在"效果控件"面板内选中要清除的视频效果，按【Delete】键或【Backspace】键；或在"效果控件"面板内选中要删除的视频效果，利用其快捷菜单中的"清除"命令。

3. 视频效果的复用

若要再次使用某个视频效果，可以直接复制、粘贴已经设置好的效果，这样可以加快编辑速度，节约时间，同时保证了参数设置的值都是相同的。

也可以在"效果控件"面板选中该效果右击，在其弹出的快捷菜单中选择"保存预设"命令，在"保存预设"对话框中设置其名称、类型和描述信息等。定义好的预设将出现在"效果"面板内的"预设"素材箱内，如图 7.6 所示。

■ 图 7.6　保存预设

预设的效果和其他内置效果的使用方法一样。

7.1.3　视频效果的控制

在"时间轴"序列窗口中选中素材，"效果控件"会显示当前素材添加的所有效果。可以通过在"效果控件"面板中改变控制选项的参数值来控制效果。

1. 为剪辑整体设置视频特效

为素材在开始后和结束前添加模糊入和模糊出的效果。

（1）新建项目文件并导入素材

在"时间轴"面板的视频 1 轨道的零点处插入素材。在"效果控件"面板中适当调整"缩放比例"。

（2）添加视频效果

将"视频特效"中"模糊与锐化"文件夹中的"高斯模糊"拖动到"时间轴"序列窗口的素材上。这时在"效果控件"窗口可以看到加入的"高斯模糊" ▶ *fx* **高斯模糊** ，单击 ▶ 将"高斯模糊"的选项参数打开。

①模糊入效果。在 00：00：00：00 处，将"模糊度"值设为 50，单击"模糊度"前面的"切换动画" 🕐 按钮设置第一个关键帧。如图 7.7 左侧图所示。移动编辑标记线到 00：00：01：00 处，将"模糊度"值设为 0.0，自动添加第二个关键帧，如图 7.7 右侧图所示。模糊入的效果制作完成。

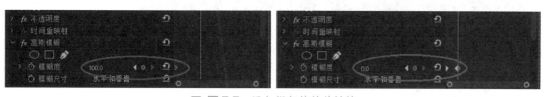

■ 图 7.7　添加视频特效关键帧

②模糊出效果。移动编辑标记线到 00：00：04：15 处，单击"模糊度"后面的"添加 / 删除关键帧"按钮，设置第三个关键帧，如图 7.8 左侧图所示。移动编辑标记线到 00：00：05：15 处，将"模糊度"值设为 100，自动添加第二个关键帧，如图 7.8 右侧图所示。模糊出的效果制作完成。

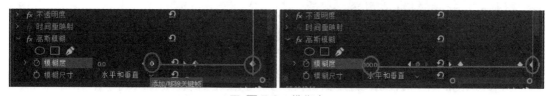

■ 图 7.8　模糊出

③预览效果

按【Enter】键进行序列内容的渲染，预览结果并保存项目文件，如图7.9所示。

■ 图7.9　模糊效果部分截图

2. 为剪辑局部设置视频效果

在"效果控件"面板所呈现的很多效果的下方，都有三个添加蒙版按钮，可以方便地添加椭圆、四点多边形和自由绘制贝塞尔曲线形状的蒙版，如图7.10左侧图所示。蒙版可以用来进行效果的局部遮罩。添加蒙版后，在蒙版路径的右侧有"跟踪方法"按钮，可以为蒙版设置多种跟踪方法：位置、位置及旋转、位置缩放及旋转等，如图7.10右侧图所示。

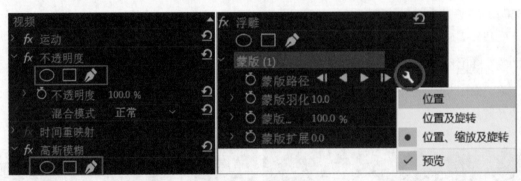

■ 图7.10　添加蒙版

（1）手动添加蒙版关键帧

在00：00：00：00处，单击"蒙版路径"前面的"切换动画"　　　按钮设置第一个关键帧。然后不断移动编辑标记线的位置并调整蒙版位置、缩放及旋转添加一系列关键帧，如图7.11所示。

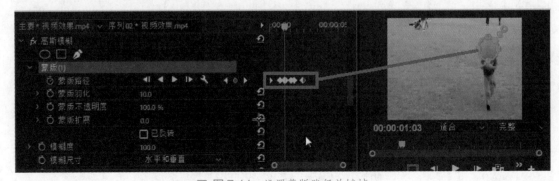

■ 图7.11　设置蒙版路径关键帧

（2）自动添加蒙版关键帧

在 00：00：00：00 处，单击"蒙版路径"后面的"向前跟踪所选蒙版"按钮，系统在播放视频的过程中，自动向右侧添加一系列蒙版关键帧，如图 7.12 所示。

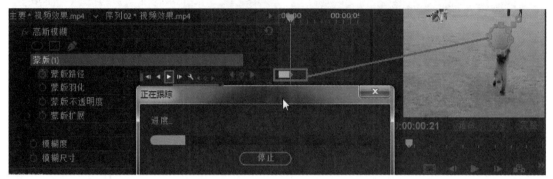

■ 图 7.12　自动跟踪蒙版

自动跟踪所选蒙版后，若某个位置的蒙版需要修改，可以直接在"节目"监视器面板修改蒙版，其所对应的关键帧会自动更新。

也可以将播放线放置到某个位置后，单击"蒙版路径"后面的"向后跟踪所选蒙版"按钮，系统在倒着播放视频的过程中，自动向左侧添加一系列蒙版关键帧。

3. 通过"调整图层"添加视频效果

在 Adobe Premiere Pro CC 中，可使用"调整图层"为视频添加效果。既可以将同一效果应用至时间轴上的多个剪辑，也可以在"调整图层"上施加多个视频效果。应用到"调整图层"的效果会影响位于其下的所有视频层中的剪辑。由于效果是添加在"调整图层"的，所以对于剪辑来说是这是一种无损的视频编辑方式。

单击"项目"面板底部的"新建" 按钮，在菜单中选择"调整图层"命令，在打开的"调整图层"对话框中，可以看到与序列一致的设置，这里的序列设置是"DSLR 1080 P25"，如图 7.13 所示。

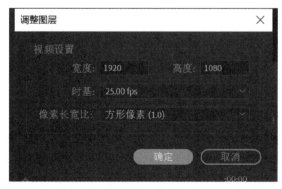

■ 图 7.13　调整图层

单击"确定"按钮后,"调整图层"作为一个独立的素材将出现在"项目"面板中。将两段剪辑插入到"时间轴"序列窗口的 V1 轨道,在 V2 轨道插入"调整图层"。轨道内容如图 7.14 所示。

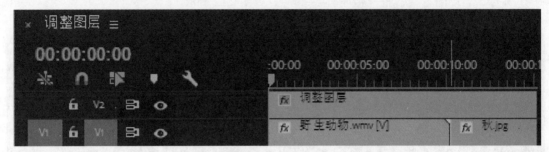

■ 图 7.14　轨道内容

在"调整图层"上添加任意一个或多个效果,它都将对其下方的轨道剪辑起作用。这里在"调整图层"上先添加"颜色平衡(HLS)"效果,加大亮度和饱和度的值;然后添加"裁剪"效果,设置其"顶部"和"底部"的参数值来制作两段剪辑的宽银幕效果。"调整图层"在"效果控件"面板的内容如图 7.15 左侧图所示。最终的效果如图 7.15 右侧图所示。

■ 图 7.15　效果参数及效果截图

可以对"调整图层"进行显示、隐藏、删除等操作,它都不破坏原始视频剪辑,是一种无损视频编辑方法。

7.2　色彩调整

在"视频效果"中包含了大量的调色、校色类效果,这些效果中的参数包含了一些色彩理论知识。本节将介绍一些色彩理论和常用的色彩调整曲线,以夯实学习基础。

7.2.1　色彩理论

视频作为一种视觉媒体，它离不开光、色原理。要研究色彩就需要找到某种方法，将颜色描述出来。

1. 色彩三属性

色相、饱和度与亮度被称为色彩三属性或色彩三要素。三属性是界定色彩感官识别的基础，灵活应用三属性变化是色彩设计的基础。眼睛看到的任一彩色光，都是这三个特性的综合效果。其中色调与光波的频率有直接关系，亮度和饱和度与光波的幅度有关。

（1）色相（Hue）

色相就是指色彩的相貌特征，如红、黄、蓝等。色相的不同是由光的频率的高低差别所决定的。频率最低的是红色，最高的是紫色。把红、橙、黄、绿、蓝、紫和处在它们各自之间的红橙、黄橙、黄绿、蓝绿、蓝紫、红紫，这 6 种中间色——共计 12 种色作为色相环。在色相环上排列的颜色是纯度高的颜色，被称为纯色。这些颜色在环上的位置是根据视觉和感觉的相等间隔来进行安排的。用类似这样的方法还可以再分出差别细微的多种颜色来。在色相环上，与环中心对称，并在 180° 的位置两端的颜色被称为互补色。

取值范围在 0°～ 360° 的圆心角，每个角度可以代表一种颜色。如 0° 红色、60° 黄色、120° 绿色、180° 青色、240° 蓝色、300° 洋红色等。色相环如图 7.16 所示。

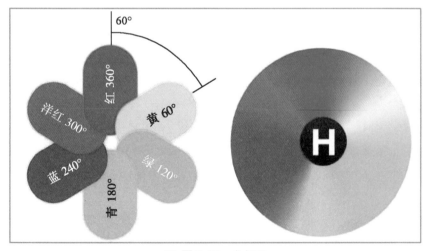

■ 图 7.16　色相环

（2）饱和度（Saturation）

饱和度是指色彩的纯净程度，它表示颜色中所含有色成分的比例。纯度越高，含有色成分的比例越大，表现越鲜明；纯度越低，含有色成分的比例越小，表现则越暗淡。表示相同的色相值 0°，从左至右饱和度分别 0%、20%、40%、60%、80%、100% 的情况，如图 7.17 所示。

■ 图 7.17 饱和度

（3）亮度（Brightness）

亮度也称为明度，是指色彩的明暗、深浅程度。表示相同的色相值 0°，饱和度 100% 时，从左至右亮度分别为 0%、20%、40%、60%、80%、100% 的情况，如图 7.18 所示。

■ 图 7.18 不同亮度的色彩

2. 色彩模型

在计算机中要记录和处理色彩就需要通过有效的方法将颜色数字化描述出来。色彩模型就是按一定规则来描述（排列）颜色的方法。常见的色彩模型有 RGB、CMYK、HSV、Lab、YUV 等。

（1）RGB 色彩模型

RGB 色彩空间基于色度学中最基本的三基色原理。色光的基色或原色为红（R）、绿（G）、蓝（B）三色，也称光的三基色。三基色以不同的比例混合，可形成各种色光，但原色却不能由其他色光混合而成。RGB 色彩模型是工业界的颜色标准，是目前屏幕显示使用的最广泛的模型，主要适用于显示器、投影仪、扫描仪、数码照相机等。

色光的混合是光量的增加，因此三基色原理也称为加色法原理。红色（R）与绿色（G）相加混合得到黄色（Y），绿色（G）与蓝色（B）相加混合得到青色（C），红色（R）与蓝色（B）相加混合得到洋红色（M）。红色（R）、绿色（G）、蓝色（B）三者相加混合得到白色。若两种色光相混合而形成白光，这两种色光互为补色。因此红色与青色、绿色与洋红色、蓝色与黄色互为补色。在 RGB 颜色空间中，任意色光 F 都可以用 R、G、B 三色不同分量的相加混合而成：F=r［R］+r［G］+r［B］。RGB 色彩空间还可以用一个三维的立方体来描述。当三基色分量都为 0（最弱）时混合为黑色光；当三基色都为 k（最大，值由存储空间决定）时混合为白色光，如图 7.19 所示。

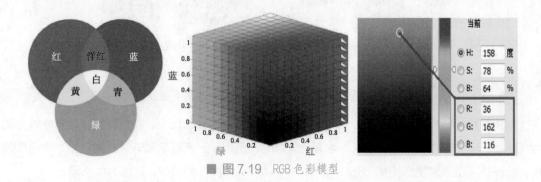

■ 图 7.19 RGB 色彩模型

（2）CMYK 色彩模型

CMYK 色彩模型是由光线的反射原理来设定的，青（Cyan）、洋红（Magenta）、黄（Yellow）被称为减法三原色。CMYK 色彩模型是针对印刷业设定的颜色标准，印刷品基本是由这四种油墨相互组合而成，因为颜料本身不发光，因而印刷机或彩色打印机只能使用那些能够吸收特定光波而反射其他光波的油墨或颜料。CMYK 是从白光中吸收某些色光而反射其他色光，也称为减色法原理。

油墨或颜料的三原色是青、洋红和黄。理论上说，任何一种由颜料表现的色彩都可以用这三种原色按不同的比例混合而成，但在实际使用时，青色、洋红和黄色很难叠加出真正的黑色，因此引入了 K，代表黑色，用于强化暗调，加深暗部色彩。彩色打印机和彩色印刷系统采用 CMYK 色彩空间，以浓度 0%~100% 表示油墨的混合比例，如图 7.20 所示。

（3）HSV 色彩模型

HSV 是一种将 RGB 色彩空间中的点在倒圆锥体中的表示方法。HSB 即色相（Hue）、饱和度（Saturation）、明度（Brightness），又称 HSV（V 即 Value）。色相是色彩的基本属性，就是颜色的名称，如红色、黄色等。饱和度是指色彩的纯度，饱和度的值越高色彩越纯，值越低则逐渐变灰，取 0%~100% 的数值。明度取 0~max（计算机中 HSB 取值范围和存储的长度有关）。HSV 颜色空间可以用一个圆锥空间模型来描述。圆锥的顶点处，V=0，H 和 S 无定义，代表黑色。圆锥的顶面中心处 V=max，S=0，H 无定义，代表白色，如图 7.21 所示。

■ 图 7.20　CMYK 色彩模型

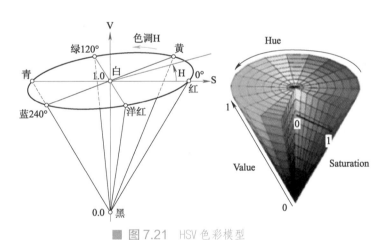

■ 图 7.21　HSV 色彩模型

这种模型是基于人眼对色彩的观察来定义的，在此模型中，所有的颜色都用色相（H）、纯度（S）、亮度（V）三个特性来描述。这是适合从事艺术绘画的人描述色彩的方法。色相用环来表示，所以以度为单位；饱和度和亮度以百分比来表示。

通常把色调和饱和度统称为色度，用来表示颜色的类别与深浅程度。由于人的视觉对亮度的敏感程度远强于对颜色浓淡的敏感程度，为了便于色彩处理和识别，人的视觉系统经常采用 HSV 色彩空间，它比 RGB 色彩空间更符合人的视觉特性。

（4）Lab 色彩模型

这种模型是国际照明委员会（CIE）于 1976 年公布的一种色彩模式。Lab 模型也是由三个通道组成，第一个通道是明度，即"L"；a 通道的颜色是从红色到深绿；b 通道则是从蓝色到黄色。Lab 色彩模型下的 Lab 色彩空间几乎包括了人眼可见的所有色彩。

Lab 色彩空间弥补了 RGB 和 CMYK 两种色彩空间的不足，它所定义的色彩最多，以数字化方式来描述人的视觉感应，与设备无关。处理速度和 RGB 色彩空间一样快，可以在图像编辑时使用。Lab 色彩模型如图 7.22 所示。

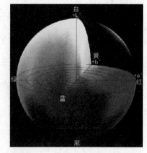
■ 图 7.22　Lab 色彩模型

（5）YUV 色彩空间

YUV（亦称 YCrCb）是被欧洲电视系统所采用的一种颜色编码方法。在现代彩色电视系统中，通常采用三管彩色摄像机或彩色 CCD（点耦合器件）摄像机，它把摄得的彩色图像信号，经分色、分别放大校正得到 RGB，再经过矩阵变换电路得到亮度信号 Y 和两个色差信号 R－Y、B－Y，最后发送端将亮度和色差三个信号分别进行编码，用同一信道发送出去。这就是我们常用的 YUV 色彩空间。采用 YUV 色彩空间的重要性是它的亮度信号 Y 和色度信号 U、V 是分离的。如果只有 Y 信号分量而没有 U、V 分量，那么这样表示的图就是黑白灰度图。彩色电视采用 YUV 空间正是为了用亮度信号 Y 解决彩色电视机与黑白电视机的兼容问题，使黑白电视机也能接收彩色信号。

YUV 主要用于优化彩色视频信号的传输，使其向后相容老式黑白电视。与 RGB 视频信号传输相比，它最大的优点在于只需占用极少的频宽（RGB 要求三个独立的视频信号同时传输）。其中"Y"表示明亮度（Luminance 或 Luma），也就是灰阶值；而"U"和"V"表示的则是色度（Chrominance 或 Chroma），作用是描述影像色彩及饱和度，用于指定像素的颜色。"亮度"是透过 RGB 输入信号来建立的，方法是将 RGB 信号的特定部分叠加到一起。"色度"则定义了颜色的两个方面：色调与饱和度，分别用 Cr 和 Cb 来表示。其中，Cr 反映了 RGB 输入信号红色部分与 RGB 信号亮度值之间的差异。而 Cb 反映的是 RGB 输入信号蓝色部分与 RGB 信号亮度值之间的差异。

根据美国国家电视制式委员会，NTSC 制式的标准，当白光的亮度用 Y 来表示时，它和红、绿、蓝三色光的关系可用如下式的方程描述：Y=0.3R+0.59G+0.11B，这就是常用的亮度公式。色差 U、V 是由 B－Y、R－Y 按不同比例压缩而成的。如果要由 YUV 空间转化成 RGB 空间，只要进行相反的逆运算即可。

7.2.2　Lumetri 颜色面板

"Lumetri 颜色"面板是个功能强大的调色、校色面板。使用"颜色"工作区，或者添加"Lumetri 颜色"效果都能够将其打开。"Lumetri 颜色"面板的每一个部分侧重于颜色工作流程的特定任务。在该面板中提供了专业质量的颜色分级和颜色校正工具，编辑和颜色分级可以配合工作，无须导出或启动单独的分级应用程序。

1. Lumetri 范围

利用系统菜单"窗口|Lumetri 范围"命令，在打开的"Lumetri 范围"面板中，可以利用快捷菜单打开多种视图方式。

如图 7.23 所示，有 5 种内置视频范围：矢量示波器 HLS、矢量示波器 YUV、直方图、分量（RGB）、波形（RGB）。这些范围可以帮助我们准确地评估剪辑并进行颜色校正。

- 矢量示波器 HLS：显示色相、饱和度、亮度和信号信息。
- 矢量示波器 YUV：用圆形图显示视频的色度信息。
- 直方图：显示每个颜色强度级别上像素密度的统计分析。
- 分量：显示数字视频限号中的明亮度和色彩通道级别的波形。

其中最常使用的是"波形示波器"，其水平方向代表图像从左至右的颜色分布，垂直方向上方代表亮度下方代表暗度，如图 7.24 所示，玫瑰花的红色区域在画面的右上角处，所以在"波形示波器"的对应位置也反映出其红颜色的分布较多，如图 7.25 所示。

■ 图 7.23　"Lumetri 范围"视图

■ 图 7.24　原始图像

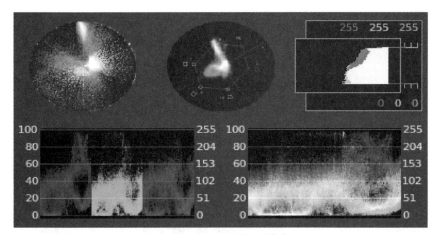

■ 图 7.25　不同视图模式

159

2. Lumetri 面板——基本校正

（1）输入 LUT

基本校正的第一个内容是"输入 LUT"。因为在专业视频拍摄中为了给后期调色留有空间，通常会使用 Log 模式来保存，而 Log 模式的视频画面的对比度和饱和度都比较低，这时就可以借助标准 LUT 实现快速转换。单击"输入 LUT"下拉列表可以直接使用系统预设 LUT，如图 7.26 所示。也可以单击"浏览"导入外部 LUT，选中后就可以直接预览到其添加的效果。

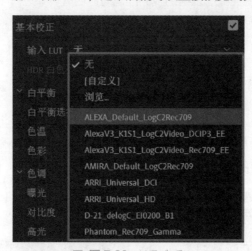

■ 图 7.26　LUT 选项

选择不同 LUT 的效果，如图 7.27 所示。

■ 图 7.27　选择不同 LUT 效果截图

（2）白平衡

白平衡就是将被渲染的白色还原为白色的过程。如图 7.28 所示，受到环境光的影响，天空中的白云不是白色，可以直接用吸管吸取白云的部分调整白平衡，如图 7.28 所示。或者手动调整"色温"和"色彩"。

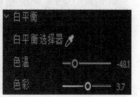

■ 图 7.28　白平衡

（3）色调

色调内容如图 7.29 所示。可以调节：曝光、对比度、高光、阴影、白色、黑色等内容。

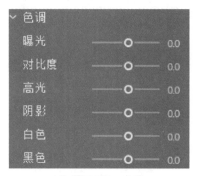

■ 图 7.29　色调

调整色调值时，可以对照"波形示波器"进行。如曝光过度则"波形示波器"中的波形集中到最上方；加大对比度则暗部更暗、亮部更亮；高光是调整整个画面的亮部；阴影是调整画面暗部区域；白色影响图像的白色区域；黑色影响图像的黑色区域。原始图像的波形情况、曝光过度的情况以及加大对比度的情况如图 7.30 所示。

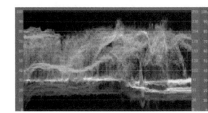 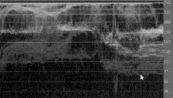 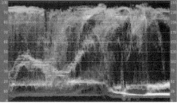

■ 图 7.30　波形示波器

3. Lumetri 面板——创意

（1）Look

Look 可以对视频颜色进行创意调整。Look 是各种已经调好的创意预设，直接选中就可以应用，如图 7.31 所示。也可以单击预览框的左右按钮进行逐个预览。找到满意的效果，单击预览框可以应用此效果。拖动"强度"滑块可以加大或降低应用效果的力度。

■ 图 7.31　创意

使用不同 Look 的部分效果截图如图 7.32 所示。

■ 图 7.32　不同 Look 效果截图

（2）调整

　　淡化胶片可以制作怀旧效果；降低锐化值会使画面变得模糊，增加锐化值可以锐化画面，使画面更清晰；自然饱和度是尽量保持不失真的情况下增、减饱和度；饱和度降低变灰度图，饱和度加大颜色变鲜亮。"阴影色彩"调整暗部的色彩，如图 7.33 所示，阴影色彩调成青色，高光色彩调成红色。双击色轮可以重置色彩。"色彩平衡"：控制阴影色彩和高光色彩的平衡，向左调整是降低阴影色彩，整个画面将偏向高光的颜色。

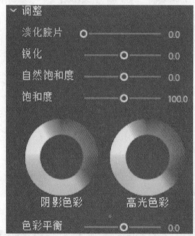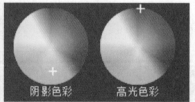

■ 图 7.33　调整

　　调整前后效果对比图如图 7.34 所示。

■ 图 7.34　效果对比截图

4. Lumetri 面板——曲线

曲线包括"RGB 曲线"和"色相饱和度曲线"。

（1）RGB 曲线

RGB 曲线既可以调节整体的明暗度，也可以分红、绿、蓝三通道分别进行调整。曲线调整可用来调整视频剪辑中的整个色调范围或仅调整选定的颜色范围的色彩值。这些曲线允许在整个图像的色调范围内从阴影到高光。

主曲线（白色按钮）：主要调整明亮度。调整明亮度所影响的是可感知的颜色饱和度。对话框的中心是一条 45° 的斜线，在线上单击可以添加控制点，拖动控制点改变曲线的形状可调整图像的亮度，当鼠标按住控制点向上移动时，图像变亮；反之，图像变暗；若曲线调整成 S 形，就是加大对比度，使得暗部区域更暗，亮部区域更亮。如图 7.35 所示，曲线较陡峭的部分表示图像中对比度较高的部分。

■ 图 7.35　曲线调整

可以针对红、绿、蓝通道，选择性地调整色调值。如图 7.36 所示的效果，增加了红通道的对比度，增加了绿通道的整体亮度，降低了蓝通道色调使该区域变暗。

■ 图 7.36　通道曲线调整

（2）色相饱和度曲线

Premiere Pro 提供了色相饱和度曲线，可以对剪辑进行基于不同类型曲线的颜色调整。

- 色相与饱和度：选择色相范围并调整其饱和度水平。
- 色相与色相：选择色相范围并将其更改至另一色相。
- 色相与亮度：选择色相范围并调整亮度。
- 亮度与饱和度：选择亮度范围并调整其饱和度。
- 饱和度与饱和度：选择饱和度范围并提高或降低其饱和度。

这里以"色相与饱和度"为例介绍其用法。"色相与饱和度"中，用此曲线，可选择性编辑图像内任意色相的饱和度。横轴对应的是色相值，纵轴对应饱和度的高低。直接单击曲线可逐一添加单个控制点，添加的控制点数量没有上限限制。

使用"吸管"工具在"节目"监视器上选择一种颜色，会向曲线添加三个控制点。中心点对应于所选的颜色。对于色相曲线，所选像素的值为色相。对于亮度和饱和度曲线，所选像素的值对应于亮度和饱和度。默认情况下，"吸管"工具会对 5×5 像素的区域进行采样，并取选定颜色的平均值。按住【Ctrl】键的同时使用吸管工具，可对更大的像素区域（10×10 像素）进行采样。

如需升高或降低选定范围的输出值，可以向上或向下拖动中心控制点。按下【Shift】键可将 X 处的控制点锁定，使其只能上下移动，如图 7.37 所示。

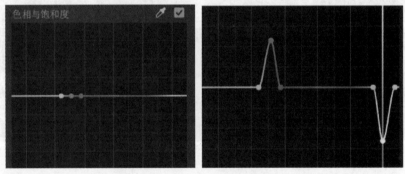

■ 图 7.37　色相与饱和度调整

如图 7.38 所示，此曲线用于提升蓝色、绿色的饱和度水平，让天空看上去更蓝。同时还降低了城墙的饱和度，从而让图像的整体感觉更加清亮。

■ 图 7.38　色相饱和度曲线调整以及调整前后对比图

5. Lumetri 面板——色轮和匹配

"颜色匹配"用于比较整个序列中两个不同镜头的外观，确保一个场景或多个场景中的颜色和光线外观匹配。它可以对一段剪辑快速匹配颜色，常用于统一多段剪辑的色调。

（1）颜色匹配

● 移动"时间轴"序列窗口播放线的位置，使其处于要匹配的"当前镜头"的位置，单击"色轮和匹配"中的"比较视图"按钮。进入"节目"监视器窗口的比较视图界面。

● 在其他镜头中选择一个画面作为"参考"视图，如图 7.39 所示。

■ 图 7.39 色轮和匹配

● 单击"应用匹配"，系统会使用"色轮"和"饱和度"控件自动应用 Lumetri 设置，对当前帧和参考帧进行匹配，如图 7.40 所示。

■ 图 7.40 应用匹配

● "人脸检测"：若"自动色调"在参考帧或当前帧中检测到人脸，系统将侧重匹配面部颜色。若要均衡评估整体帧，可以将此功能禁用。使用该功能计算匹配的时间会增加。

（2）色轮

可以使用滚轮或滑块调整阴影、中间调和高光的强度。空心轮表示未做任何调整，可在轮中间单击并拖动光标来填充色轮。使用滑块控件时，向下拖动减少值，向上拖动增加值。

6. Lumetri 面板——HSL 辅助

HSL 辅助是在主颜色校正之后的二次颜色校正，是对特定颜色进行的更加精细的控制。

（1）键

单击"设置颜色"中的吸管，在目标颜色处单击取色，"吸管 +"和"吸管 -"分别用来添加或者删除选区中的像素。选择剪辑的某个部分后，HSL 的各个范围都会反映所选取的颜色信息。要在操作颜色时只查看受到影响的范围，选中"彩色 / 灰色"旁的复选框，并在下拉列表中选择"彩色 / 灰色""彩色 / 黑色""白色 / 黑色"等选项，如图 7.41 所示。

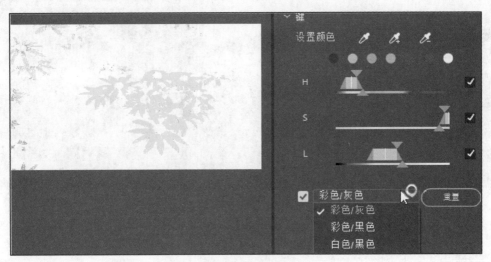

■ 图 7.41 键

HSL 滑块的顶部三角可以扩充或者限制选择范围；底部三角可以使选定的像素和未被选定的像素之间的过渡更加平滑或尖锐。单击所选滑块中心可进行整体范围的移动。

（2）优化

优化选区有两个选项，如图 7.42 所示。"降噪"用来平滑颜色的过渡，移除选区中的杂色。"模糊"可以柔化蒙版的边缘，以混合选区内外的像素。

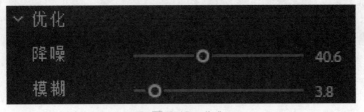

■ 图 7.42 优化

（3）更正

更正中的分级工具对选区应用独立的颜色校正，默认显示中间调色色轮，可以单击色轮上方的图标切换到传统的 3 向色轮。如图 7.43 所示，色轮下方还有"色温""色彩""对比度""锐化""饱和度"等滑块，用于精确控制颜色校正。

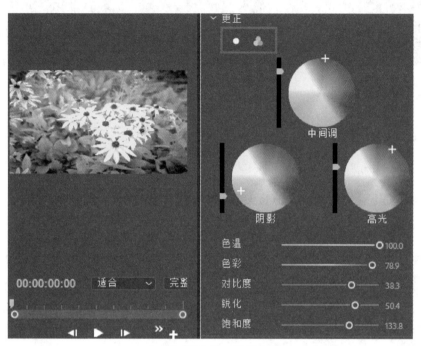

■ 图 7.43　更正

校正前后对比图如图 7.44 所示。

■ 图 7.44　效果对比图

7. Lumetri 面板——晕影

"晕影"制作边缘晕影效果，可以控制边缘大小、形状、明暗等。"数量"设置边缘变亮或变暗，值越大边缘越亮；"中点"设置边缘的宽度，取值大则边缘宽；"圆度"指定晕影的圆度大小；"羽化"设置晕影边缘的融合程度，值大则比较柔和。晕影如图 7.45 所示。

■ 图 7.45　晕影

7.2.3　Lumetri 预设

1. Lumetri 预设效果

在"效果"面板上方的"Lumetri 预设"里面包含了大量的已经设置好参数值的 Lumetri 色彩效果，如图 7.46 所示。

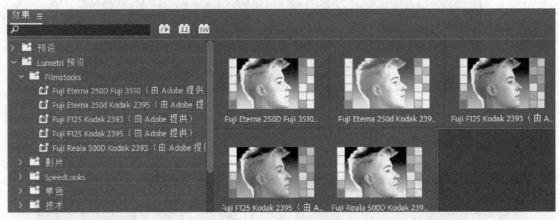

■ 图 7.46　Lumetri 预设

2. 参数调整

选中某个效果添加至轨道素材。

（1）在"效果控件"面板中可以看到添加的 Lumetri 效果，展开各个选项，可以对其参数进行调整。

（2）打开"Lumetri 颜色"面板，也可以看到添加的效果，在该面板中同样可以完成参数的调整。

使用 Lumetri 预设可以快速为视频添加色彩效果，然后根据实际情况微调参数即可。调整好的视频效果也可以保存为预设，便于以后复用，如图 7.47 所示。

■ 图 7.47　"Lumetri 颜色"面板

7.3　视频效果

7.3.1　变换类

"变换类"主要是通过对图像的位置、方向和距离等参数进行调节，从而制作出画面视角变化的效果。

- 垂直翻转：使剪辑从上到下翻转。
- 水平翻转：剪辑仍然正向播放，剪辑中的每帧画面从左到右反转。
- 羽化边缘：可以在剪辑的周围创建柔和的黑边框，制作出视频边缘晕影的效果。
- 剪裁：修剪剪辑的边缘像素。

各个效果如图 7.48 所示。

| （a）原图 | （b）垂直翻转 | （c）水平翻转 | （d）羽化边缘 | （e）剪裁 |

■ 图 7.48　变换类

- 自动重构："自动重构"可智能识别视频中的动作，并针对不同的长宽比重构剪辑。

例如：序列尺寸为 1 920×1 080 像素，剪辑大小为 544×960 像素。将剪辑插入序列中会存在大量的黑边。将"自动重构"效果拖动到要"时间轴"序列窗口要重构的剪辑上，效果如图 7.49 所示。

■ 图 7.49 自动重构

"自动重构"参数"运动跟踪"中的"减慢动作"适用于画面运动少或者静止画面;"加快动作"适用于剪辑中存在大量运动镜头的情况。可以根据重构画面调整位置、缩放以及旋转等参数,如图 7.50 所示。

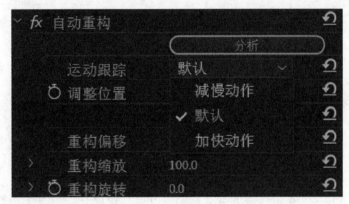

■ 图 7.50 自动重构参数设置

7.3.2 图像控制类与实用程序

主要是对素材图像中的特定颜色像素进行处理,产生特殊的视觉效果。

1. 灰度系数校正

更改中间调的亮度级别(中间灰色阶),同时保持暗区和亮区不受影响。灰度系数取值范围为 1~28。如图 7.51(a)所示为原始图片,图 7.51(b)为剪辑添加了"灰度系数校正""灰度系数"值为 20。

2. 颜色平衡(RGB)

更改剪辑中的红色、绿色和蓝色的数量。如图 7.51(c)所示,减少红色、增加绿色和蓝色后,整体偏青色的效果。

3. 颜色替换

在保留灰阶的情况下,将选定颜色替换成新的颜色。如图 7.51(d)所示,增加"相似性"

的值，将目标颜色"黄色"替换为"粉色"。"相似性"就是容差范围。

4. 颜色过滤

保留选定的颜色，同时将剪辑中其余部分以灰度显示。

如图 7.51（e）所示，用颜色吸管吸取黄色花朵的部分，加大相似性取值范围，黄色花朵的部分被保留下来，其他部分以灰度显示。

5. 黑白

将剪辑转换为灰度。直接去掉色彩信息，成为灰度图像，如图 7.51（f）所示。

| (a) | (b) | (c) |
| (d) | (e) | (f) |

■ 图 7.51　原图与图像控制类效果

6. 实用程序

主要是通过调整画面的黑白斑来调整画面的整体效果，它只有 Cineon 转换器 1 种效果。

Cineon 转换器用于对 Cineon 帧的颜色进行转换，提供了线性到对数、对数到线性、对数到对数等 Cineon 文件的转换方式。三种转换方式效果如图 7.52 所示。

■ 图 7.52　Cineon 转换器

7.3.3　扭曲

扭曲类主要通过对图像进行几何扭曲变形来制作各种画面变形效果。

1. 偏移

移动位移中心，溢出的部分以反方向再次进入可视区域。位移中心移动后的效果如图7.53所示。

■ 图7.53　偏移

2. 变形稳定器

消除因摄像机移动造成的抖动，从而可将摇晃的手持素材转变为稳定、流畅的拍摄内容。

使用变形稳定器的前提是剪辑和序列完全一致。添加效果后，系统将进行后台分析，并显示出进度和预计时间，然后自定进入稳定处理，如图7.54所示。预览效果，"变形稳定器"防抖功能很强大。

■ 图7.54　变形稳定器

3. 变换

对剪辑进行二维几何变换。对剪辑进行缩放、旋转、倾斜等变形处理，如图7.55（a）所示。

4. 放大

扩大剪辑的整体或一部分。可以设置放大的大小、形状、放大率等内容。放大剪辑中的白马，如图7.55（b）所示。

5. 旋转扭曲

通过围绕剪辑中心来旋转剪辑，制作出图像扭曲的效果，如图7.55（c）所示。

6. 果冻效应修复

用于修复摄像机或拍摄对象移动，而产生的扭曲。

7. 波形变形

可以为剪辑制作各种不同的波形形状，包括正方形、圆形和正弦波。产生在图像中移动的波形外观，如图 7.55（d）所示。

8. 湍流置换

使用不同的湍流类型、偏移度、数量和大小等参数值来控制扭曲的效果，如图 7.55（e）所示。

9. 球面化

通过指定球面中心和半径将图像区域以球面扭曲的方式呈现，如图 7.55（f）所示。

10. 边角定位

通过更改剪辑每个角的位置来拉伸、收缩、倾斜或扭曲图像，还可以用于模拟沿剪辑边缘旋转的透视或运动效果，如图 7.55（g）所示。

11. 镜像

镜像效果沿一条线拆分图像，然后将一侧反射到另一侧，如图 7.55（h）所示。

12. 镜头扭曲

模拟透过扭曲镜头看剪辑的效果，如图 7.55（i）所示。

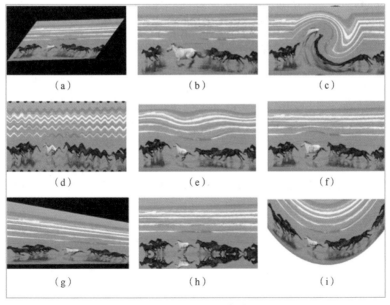

（a）　　　　　　　　（b）　　　　　　　　（c）

（d）　　　　　　　　（e）　　　　　　　　（f）

（g）　　　　　　　　（h）　　　　　　　　（i）

■ 图 7.55　扭曲类效果

7.3.4　时间

主要是通过处理视频相邻帧变化，产生特殊的视觉效果。

1. 残影

合并来自剪辑不同时间的帧，产生视觉拖影的效果，如图 7.56 所示。

■ 图 7.56　残影

2. 色调分离时间

通过改变素材播放的帧速率来回放素材，输入较低的帧速率会产生跳帧的效果。例如，把
"帧速率"值设为 2，每秒播放 2 帧的内容，所以看到的画面是一跳一跳的。

7.3.5　杂色与颗粒

主要用于去除画面中的杂色或者在画面中增加杂色。

其中"添加杂色"给图像中添加一些颗粒状的像素。其他滤镜主要用来去除图像中的杂色，
如"蒙尘和划痕""中间值"可用来除去扫描图像中常有的斑点或折痕。

1. 中间值

将剪辑中的每个像素替换为指定半径的邻近像素的中间颜色值，可以用来制作水彩画效果。
如图 7.57（a）为原始图片，图 7.57（b）是设置"半径值"为 8 的中间值效果。

2. 杂色

会随机更改整个图像中的像素值。如图 7.57（c）所示，添加杂色数量为 70% 的效果。

3. 杂色 Alpha

是添加一些杂色，这些杂色具有 Alpha 通道，可以透过杂色 Alpha 通道显示下一视频轨道层
中的剪辑内容。

4. 杂色 HLS

在静止或移动源素材的剪辑中生成静态杂色，可以设置杂点的色相、饱和度、亮度值。

5. 杂色 HLS 自动

自动创建动画样式的杂色。

6. 蒙尘与划痕

将指定半径之内的不同像素更改为更加类似的邻近像素，从而减少杂色和瑕疵。与"中间值"功能类似，但"蒙尘与划痕"中有"阈值"可以对其程度进行控制，如图 7.57（d）所示。

（a） （b） （c） （d）

■ 图 7.57 杂色与颗粒效果

7.3.6 模糊与锐化

"模糊"主要修饰边缘过于清晰或对比度过于强烈的图像或选区，达到柔化图像或模糊图像的效果。"锐化"通过增强相邻像素的对比度达到使图像清晰的目的。

1. 减少交错闪烁

是一种纵向模糊效果，"柔和度"越大越模糊。如图 7.58 所示，为图片做了减少交错闪烁的蒙版，且蒙版已反转。

2. 复合模糊

根据控制剪辑的明亮度值使像素变模糊。默认情况下，模糊图层中的亮值对应于剪辑的模糊效果较强，暗值对应的模糊效果较弱。"最大模糊"指剪辑可变模糊的部分其最大像素值。"伸缩对应图以适合"复选框将控制剪辑拉伸以适应应用的剪辑尺寸。参数如图 7.59 所示。

■ 图 7.58 减少交错闪烁

■ 图 7.59 复合模糊

使用前后的对比效果如图 7.60 所示。

■ 图 7.60　效果对比图

3. 方向模糊

为剪辑提供运动幻影。模糊的"方向"指模糊均匀应用于像素中心的某一个角度。因此，设置为 180°与设置为 0°具有相同的外观。制作了蒙版的方向模糊效果如图 7.61 所示。

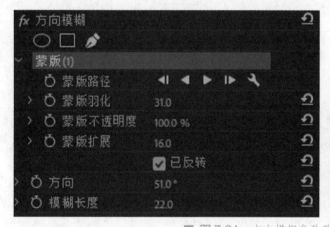

■ 图 7.61　方向模糊参数及效果

4. 相机模糊

模拟离开摄像机焦点范围的图像，使剪辑变模糊，如图 7.62 所示。

■ 图 7.62　相机模糊

5. 通道模糊

使剪辑的红色、绿色、蓝色或 Alpha 通道各自变模糊。可以指定模糊是水平、垂直还是两者，
如图 7.63 所示。

■ 图 7.63 通道模糊参数及效果

6. 高斯模糊

可模糊和柔化图像并消除杂色。可以指定模糊是水平、垂直还是两者。

添加"模糊度"关键帧制作模糊入和模糊出效果，如图 7.64 所示。

■ 图 7.64 高斯模糊

7. 钝化蒙版

增加定义边缘的颜色之间的对比度。"数量"控制黑色区域；"半径"控制高亮区域；"阈值"
为 1 是降低亮度，为 0 是增加亮度。钝化蒙版参数及效果如图 7.65 所示。

■ 图 7.65 钝化蒙版参数及效果

8. 锐化

用于增加颜色边缘位置的对比度。锐化会使画面变得清晰，同时也会不可避免地产生噪点。锐化参数及效果对比如图 7.66 所示。

■ 图 7.66　锐化参数及效果对比

7.3.7　生成

主要用于画面的处理或增加生成某种效果。

1. 书写

以动画的方式沿着剪辑描边，用来模拟文字或签名的手写动作。"画笔位置"用来创建描边动画，还可以设置画笔的颜色、大小、硬度及不透明度等属性；"画笔间隔"是画笔标记之间的时间间隔，以秒为单位，较小的值将产生较平滑的绘制描边，但需要更长的渲染时间。"绘制时间属性"和"画笔时间属性"指定要将绘制属性和画笔属性应用于每个画笔标记还是应用于整个描边。书写参数及效果如图 7.67 所示。

"绘制样式"绘制描边与原始图像的交互方式：

- "在原始图像上"绘制描边出现在原始图像上。
- "在透明背景上"绘制描边出现在透明背景上；原始图像不出现。
- "显示原始图像"原始图像由绘制描边显示。

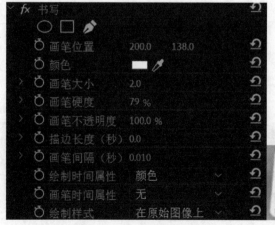

■ 图 7.67　书写参数及效果

2. 单元格图案

生成基于单元格杂色的单元格图案。使用此效果可创建静态或动态的背景纹理和图案。添加单元格图案为"晶格化"的效果如图 7.68 所示。

■ 图 7.68 单元格图案参数及效果对比

3. 圆形、棋盘、椭圆、网格

"圆形"创建可自定义的实心圆或环；"棋盘"创建由矩形组成的棋盘图案；"椭圆"绘制椭圆；"网格"添加可自定义的网格。如图 7.69（a）所示添加圆形、图 7.69（b）所示添加棋盘，且都将混合模式设置成了"叠加"后的效果。如图 7.69（c）所示，添加椭圆后，设置了内部颜色和外部颜色的效果。网格效果可在颜色遮罩中渲染网格，或在源剪辑的 Alpha 通道中将此网格渲染为蒙版，如图 7.69（d）所示。

（a） （b） （c） （d）

■ 图 7.69 圆形、棋盘、椭圆、网格效果

4. 四色渐变和渐变

"四色渐变"可产生四色渐变。通过四个效果点、位置和颜色来定义渐变。渐变包括混合在一起的四个纯色环，每个环都有一个效果点作为其中心。如图 7.70 左侧图所示，设置四色渐变后将混合模式设置为"滤色"的效果。

"渐变"创建颜色渐变。可以创建线性渐变或径向渐变，并随时间推移而改变渐变位置和颜色。如图 7.70 右侧图所示，制作从红色到绿色的线性渐变效果。

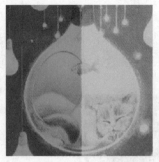

■ 图 7.70　四色渐变和渐变

5. 吸管填充和油漆桶

"吸管填充"将采样的颜色应用于原始剪辑。此效果可用于从原始剪辑上的采样点快速挑选纯色，然后按照混合百分比与原始剪辑进行混合，如图 7.71（a）所示。

"油漆桶"使用纯色来填充区域。"填充点"的位置就是采样点，指定颜色并按照一定的容差值进行填充。如图 7.71（b）和图 7.71（c）所示，将图中的蓝色区域填充为粉色。

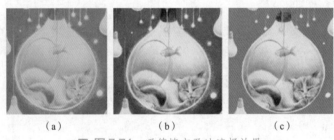

（a）　　　　　　　（b）　　　　　　　（c）

■ 图 7.71　吸管填充及油漆桶效果

6. 镜头光晕、闪电

"镜头光晕"模拟将强光投射到摄像机镜头中时产生的折射效果。如图 7.72 左侧图所示，在剪辑的右上方添加了"50~300 毫米变焦"的镜头光晕效果。

"闪电"在剪辑的两个指定点之间创建闪电视觉效果。闪电效果无须使用关键帧就会产生动态效果。如图 7.72 右侧图所示，在天空添加了闪电效果。

■ 图 7.72　镜头光晕和闪电效果

7.3.8　视频

1. SDR 遵从情况

将 HDR 媒体转换为 SDR。可以调节亮度、对比度、软阈值，如图 7.73 所示。

■ 图 7.73　SDR 遵从情况

2. 剪辑名称

在视频上叠加剪辑名称显示。

3. 时间码

在视频上叠加时间码显示，可实现场景的精确定位。

4. 简单文本

可以编辑文本，并设置文本的位置、对齐方式、大小和不透明度等。

图 7.74 所示为剪辑添加了上述四种效果的截图。

■ 图 7.74　原始图像和添加效果后的图像

7.3.9　调整

1. ProcAmp

用于调整亮度、对比度、色相、饱和度的值，如图 7.75 所示。

■ 图 7.75　ProcAmp 效果

模仿标准电视设备上的处理放大器。此效果调整剪辑图像的亮度、对比度、色相、饱和度以及拆分百分比。图 7.76（a）为原始图像，图 7.76（b）为 ProcAmp 效果。

2. 光照效果

对剪辑应用光照效果，最多可采用五个光照来产生有创意的光照。如图 7.76（c）所示加入两个点光源的效果。

3. 卷积内核

根据卷积的数学运算来更改剪辑中每个像素的亮度值，如图 7.76（d）所示。

4. 提取

从视频剪辑中移除颜色，从而创建灰度图像。明亮度值小于输入黑色阶或大于输入白色阶的像素将变为黑色。这些点之间全部显示为灰色或白色，如图 7.76（e）所示。

5. 色阶

调整控制剪辑的亮度和对比度。此效果结合了颜色平衡、灰度系数校正、亮度与对比度和反转效果的功能。如图 7.76（f）所示，根据剪辑的实际情况，对蓝通道进行了色阶的调整。

（a）　　　　　　　　　　（b）　　　　　　　　　　（c）

（d）　　　　　　　　　　（e）　　　　　　　　　　（f）

■ 图 7.76　调整效果

7.3.10　过时

"过时"类集合了以前版本中不同视频类里包含的视频效果。这些效果在高版本中进行了优化，集合到了其他视频效果的工作界面中。

"RGB 曲线"：借助 RGB 曲线，对剪辑调整亮度和色调范围。"三向颜色校正器"：快速平衡视频中的颜色和光线。利用三向颜色校正器，可通过色轮来平衡图像的阴影、中间色调和高光。

"亮度曲线"：借助曲线调整剪辑亮度信息。"亮度校正器"：用于调整亮度、对比度以及灰度系数，还可以辅助颜色校正。"快速颜色校正器"：用于调整色相、饱和度、色阶等信息。"自动颜色"：对中间调进行中和并剪切黑白像素，来调整对比度和颜色。"自动对比度"：在无须增加或消除色偏的情况下调整总体对比度和颜色混合。"自动色阶"：单独调整每个颜色通道，因此可能会消除或增加色偏。"阴影 / 高光"：用于修复有逆光问题的图像，增亮图像中的主体，而降低图像中的高光。

7.3.11　过渡

主要用于场景过渡，需要设置关键帧才可产生转场效果。

1. 块溶解

以像素为单位，可以单独设置块的宽度和高度，使剪辑在随机块中消失。如图 7.77（a）所示为原始图像，图 7.77（b）所示为块溶解效果。

2. 径向擦除

使用围绕指定点的擦除来显示底层剪辑，如图 7.77（c）所示。

3. 渐变擦除

使剪辑中的像素根据另一视频轨道（即渐变图层）中的相应像素的明亮度值变透明，如图 7.77（d）所示。

4. 百叶窗

使用指定方向和宽度的条纹来显示底层剪辑，如图 7.77（e）所示。

5. 线性擦除

在指定的方向对剪辑执行简单的线性擦除，如图 7.77（f）所示。

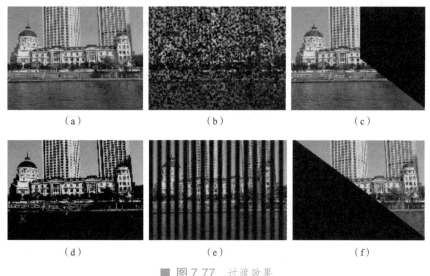

（a）　　　　　　　　（b）　　　　　　　　（c）

（d）　　　　　　　　（e）　　　　　　　　（f）

■ 图 7.77　过渡效果

7.3.12 透视

主要用于制作三维立体效果和空间效果。

1. 基本 3D

在 3D 空间中操控剪辑。可以围绕水平和垂直轴旋转图像，以及朝拉近或远离的方向进行移动。采用基本 3D，还可以创建镜面高光来表现由旋转表面反射的光感，如图 7.78（a）所示。

2. 投影

添加出现在剪辑后面的阴影。投影的形状取决于剪辑的 Alpha 通道，如图 7.78（b）所示。

3. 径向阴影

在应用此效果的剪辑上创建来自点光源的阴影，阴影是从源剪辑的 Alpha 通道投射的，因此在光透过半透明区域时，该剪辑的颜色可影响阴影的颜色，如图 7.78（c）所示。

4. 边缘斜面

为图像边缘提供 3D 外观。边缘位置取决于源图像的 Alpha 通道，如图 7.78（d）所示。

5. 斜面 Alpha

将斜面和光添加到图像的 Alpha 边界，通常可为 2D 元素呈现 3D 外观。如果剪辑没有 Alpha 通道，或剪辑是完全不透明的，则此效果将应用于剪辑的边缘，如图 7.78（e）所示。

（a）　　　　　　　（b）　　　　　　　（c）　　　　　　　（d）　　　　　　　（e）

■ 图 7.78　透视效果

7.3.13 通道

主要是利用图像通道的转换与插入等方式来改变图像，产生各种特殊效果。

1. 反转

反转图像的颜色信息，如图 7.79 所示。

■ 图 7.79　反　转

2. 复合运算

以运算方式合并应用此效果的剪辑和控制图层。剪辑和控制图层都是同一个素材，运用了"滤色"运算后的效果。图 7.80 是原始图像和利用蒙版控制的复合运算显示结果对比图。

■ 图 7.80　复合运算

这里的"第二个源图层"也可以指定其他轨道的剪辑。

3. 混合

使用不同的混合模式之一（交叉淡化、仅颜色、仅色彩、仅变暗、仅变亮）混合两个剪辑。如图 7.81 所示，将花与建筑两个视频层进行"交叉淡化"混合。

■ 图 7.81　混　合

4. 算术

对图像的红色、绿色和蓝色通道执行各种简单的算术运算。如图 7.82 左侧图所示，运算符选择了"相减"，"蓝色值"为 80；在图 7.82 右侧图中，蒙版内的部分为添加算术效果，蒙版外的部分为原始图片。可见减蓝色值就相当于加其互补色的值，即加了黄色的值，所以施加效果后图像偏黄色。

■ 图 7.82 算术

5. 纯色合成

"纯色合成"可以指定一种颜色，然后通过"不透明度"和"混合模式"，完成与指定颜色的混合。

颜色选取蓝色，混合模式分别为"发光度""滤色""差值""强光"的混合效果如图 7.83 所示。

■ 图 7.83 纯色合成

6. 计算

将一个剪辑的通道与另一个剪辑的通道相结合。这里的第二个图层可以是自己也可以是指定的其他视频轨道层。与"复合运算"不同的是，"计算"可以指定通道运算，可以指定通道为：RGBA、灰色、红色、绿色、蓝色和 Alpha 通道。如图 7.84 所示，两个图层都是视频 1，输入通道指定为"灰色"的效果。

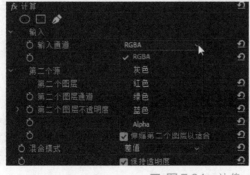

■ 图 7.84 计算

7. 设置遮罩

将剪辑的 Alpha 通道替换成另一视频轨道剪辑中的通道，参数如图 7.85 所示。

■ 图 7.85　设置遮罩

企鹅是带 Alpha 通道的素材，将两个视频层剪辑进行 "设置遮罩" 后的效果，如图 7.86 所示。

■ 图 7.86　遮罩合成

7.3.14　键控

键控效果主要是用来进行视频合成的，也是一组很重要的视频效果组，这组效果将在第 8 章中详细介绍。

1. Alpha 调整

可以用于更改固定效果的默认渲染顺序。

2. 亮度键

抠出图层中指定明亮度或亮度的所有区域。

3. 图像遮罩键

根据静止图像剪辑（充当遮罩）的明亮度值抠出剪辑图像的区域。透明区域显示下方轨道中的剪辑产生的图像。

4. 差值遮罩

将源剪辑和差值剪辑进行比较，然后在源图像中抠出与差值图像中的位置和颜色均匹配的像素。

5. 移除遮罩

从某种颜色的剪辑中移除颜色和填充纹理。

6. 超级键

与"颜色键"相似，用于抠出所有类似于指定的主要颜色的图像像素。

7. 轨道遮罩键

通过一个剪辑（叠加的剪辑）的区域来显示另一个剪辑（背景剪辑）的内容，在叠加的剪辑中创建透明区域。

8. 非红色键

可以基于蓝色或绿色的背景创建透明区域。

9. 颜色键

可将画面中指定范围内的颜色设置为透明区域。

7.3.15 颜色校正

主要用于对素材画面颜色校正处理。

1. ASC CDL

调整红色绿色蓝色的斜率、偏移和功率值。其中"斜率""偏移"的值越大，该颜色的分量值越大；而"功率值"越大则是增加其互补色的分量值。ASC CDL 如图 7.87 所示。

■ 图 7.87　ASC CDL

2. Lumetri 颜色

用于颜色校正和颜色分级。在基本校正中可以设置白平衡、色调、饱和度的值；在创意中可以载入 Look 和 LUT；还可进行曲线调整、色轮调整、HSL 辅助以及晕影的设置。其内容可参考 7.2.2 节的详细介绍。

3. 亮度与对比度

调整剪辑的亮度与对比度。如图 7.88 所示，降低亮度并加大对比度后的效果对比。

■ 图 7.88 亮度与对比度

4. 保留颜色

指定要保留的颜色，设置脱色量，使其他颜色去除颜色信息。如图 7.89 所示，选取要保留的颜色为黄色，加大脱色量并修改一定的容差值。如果希望边缘柔和可以加大一点边缘柔和度的参数值。

■ 图 7.89 保留颜色

5. 均衡

可以选择均衡的样式：Photoshop 样式、RGB 或亮度。用来降低图像中色彩的反差，重新分布图像的亮度值，经过均衡处理后可以呈现所有亮度级别的值。如图 7.90 所示，设置均衡样式为"亮度"后，原图与调整后图像的对比图。

■ 图 7.90 均衡

6. 更改为颜色

使用色相、亮度和饱和度（HLS）值，将图像中指定的颜色更改为另一种颜色，保持其他颜色不受影响。可以适当调整"容差"值调整选取颜色的范围。如图 7.91 所示，将指定的粉色花朵更改为蓝色花朵。

■ 图 7.91　更改为颜色

7. 更改颜色

对指定画面的颜色在图片色彩范围内调整色相、亮度和饱和度来更改指定的颜色，画面中其他的颜色不发生变化，如图 7.92 所示。

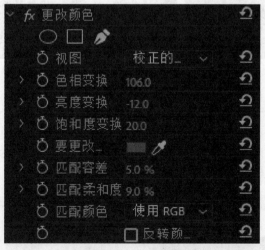

■ 图 7.92　更改颜色

8. 色彩

可以将画面的黑色和白色映射到指定的颜色上，并指定着色的程度。如图 7.93 所示，将黑色映射为蓝色，白色映射为红色，着色量为 50% 的效果对比。

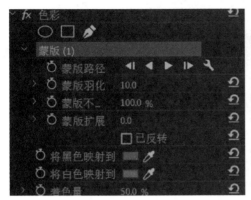

■ 图 7.93　色彩

9. 视频限幅器

用于设置剪辑的明亮度和颜色，使其定义在合理的范围里。该效果多用于现代数字媒体格式、当前广播和专业后期制作。

10. 通道混合器

根据通道颜色来调整视频画面效果。通过为每一个颜色设置不同的颜色偏量来校正整体的颜色色彩，即利用某种颜色的亮度值对某一特定颜色的亮度值进行调整。参数如图 7.94 所示，勾选"单色"还可以制作高品质的灰度图像。

■ 图 7.94　通道混合器

11. 颜色平衡

更改剪辑的阴影、中间调、高光区的红色、绿色和蓝色的数量，如图 7.95 所示。

12. 颜色平衡（HLS）

更改剪辑的色相、饱和度、亮度值。为"色相"指定 0° 和 360° 两个关键帧值，完成色相的动态变换，如图 7.96 所示。

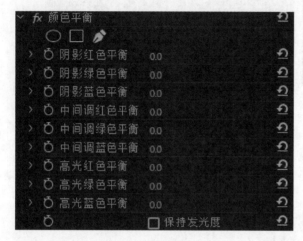

■ 图 7.95　颜色平衡

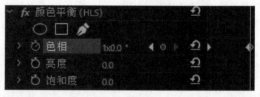

■ 图 7.96　颜色平衡（HLS）

部分效果截图，如图 7.97 所示。

■ 图 7.97　更改颜色效果截图

7.3.16　风格化

主要是通过改变图像中的像素，或对图像的色彩进行处理，从而产生各种抽象派或印象派的作品效果。

1. Alpha 发光

在 Alpha 通道的边缘添加颜色。"发光"控制颜色从 Alpha 通道边缘扩展的距离，较高的设置值会可产生较强的光亮；"亮度"控制发光的初始不透明度；"起始颜色"显示当前的发光颜色，单击色板可选择其他颜色；"使用结束颜色"允许在发光的外边缘添加可选的颜色；"淡出"指定颜色是淡出还是保持纯色。

如图 7.98 所示，起始颜色为红色，结束颜色为黄色，分别作了淡出和没有淡出的效果对比。

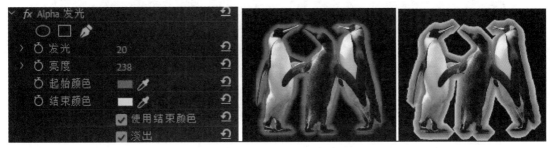

■ 图 7.98　Alpha 发光

2. 复制

将屏幕分成多个平铺并在每个平铺中显示整个图像。可通过拖动滑块来设置每个列和行的平铺数。计数值为 5 时的效果如图 7.99 所示。

■ 图 7.99　复制

3. 彩色浮雕

为 2D 的画面添加 3D 的效果，"方向"指添加浮雕的角度；"起伏"是浮雕的深度；"对比度"设置高光区域与阴影部分的对比度。添加效果前后对比图，如图 7.100 所示。

■ 图 7.100　彩色浮雕

4. 色调分离

可用于为图像中的每个通道指定色调级别数（或亮度值）。色调分离效果会将像素映射到最匹配的级别。将色调分离级别设置为 2 的对比图如图 7.101 所示。

■ 图 7.101　色调分离

5. 曝光过度

可创建负像和正像之间的混合，当"阈值"最大时就是图像负片的效果，如图 7.102 所示。

■ 图 7.102　曝光过度

6. 查找边缘

识别有明显过渡的图像区域并突出边缘。边缘可在白色背景上显示为暗线，或在黑色背景上显示为彩色线，如图 7.103 所示。

■ 图 7.103　查找边缘

7. 浮雕

与"彩色浮雕"类似，可锐化图像中对象的边缘并抑制颜色。此效果从指定的角度使边缘产生高光。

8. 画笔描边

向图像应用粗糙的绘画外观。"描边角度"决定描边的方向；"画笔大小"和"描边长度"单位都是像素；"绘画表面"包括：在原始图像上绘画、在透明背景上绘画、在白色上绘画、在黑色上绘画等，如图 7.104 所示。

■ 图 7.104　画笔描边

9. 粗糙边缘

通过使用计算方法使剪辑 Alpha 通道的边缘变粗糙。"边缘类型"中包含了大量的可选类型。如图 7.105 所示选择了"锈蚀"边缘类型。

■ 图 7.105　粗糙边缘

10. 纹理化

为剪辑提供其他剪辑的纹理的外观。为 V2 轨道素材添加"纹理化"效果，如图 7.106 所示。

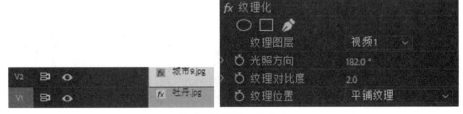

■ 图 7.106　纹理化

指定"纹理图层"为视频 1，视频 1 的素材是牡丹花，合成的效果如图 7.107 所示。

■ 图 7.107　纹理合成及效果

11. 闪光灯

闪光灯效果对剪辑执行算术运算，或使剪辑在固定或随机间隔透明。可以指定闪光灯的颜色；"与原始图像混合"效果的结果与原始图像混合，值设置得越高，效果对剪辑的影响越小。如果将此值设置为 100%，效果对剪辑没有影响；如果将此值设置为 0%，原始图像不会显示出来。"闪光持续时间（秒）"为每道闪光持续的时间，以秒为单位。"闪光周期（秒）"为相继闪光的起点之间的时间，以秒为单位。"随机闪光机率"为闪光运算应用到任何给定帧的概率。"闪光"为每道闪光选择"使图层透明"可使剪辑透明。选择"仅对颜色操作"可使用由闪光运算符指定的运算。"闪光运算符"用于每道闪光的运算。"随机植入"闪光植入应用到给定帧的概率。闪光灯如图 7.108 所示。

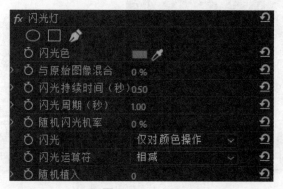

■ 图 7.108　闪光灯

如图 7.109 所示，闪光运算符为"相减""相乘""差值"的效果。

■ 图 7.109　闪光效果

12. 阈值

将灰度图像或彩色图像转换成高对比度的黑白图像。指定明亮度级别作为阈值，所有与阈值亮度相同或比阈值亮度更高的像素将转换为白色，而所有比其更暗的像素转换为黑色。图 7.110 所示分别为原图与阈值效果。

■ 图 7.110　阈值

13. 马赛克

使用纯色矩形填充剪辑，使原始图像像素化。经常通过设置关键帧完成视频的"马赛克入 / 出"效果。参数设置如图 7.111 所示。

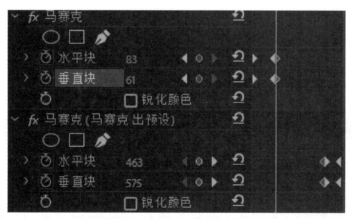

■ 图 7.111　马赛克效果参数设置

图 7.112 所示为马赛克入效果。

■ 图 7.112　马赛克入效果截图

7.4 应用实例——舞动的精灵

本实例制作影视剧和娱乐节目中经常用到的颜色分离效果。

在制作过程中，使用"颜色平衡 RGB"进行颜色分离；使用"嵌套序列"将颜色分离后的视频层组成一个整体；使用"Lumetri 窗口"进行匹配颜色；创建"调整图层"添加"镜头光晕"效果；添加斜角边效果；设置视频的淡入淡出效果。效果截图如图 7.113 所示。

舞动的精灵

■ 图 7.113 效果截图

1. 新建项目文件、导入素材、新建序列

新建项目"舞动的精灵"；导入素材"飞鸟"文件夹；新建序列名称为"颜色分离"，"DV-PAL"制式中"标准 48 KHz"。

2. 颜色分离效果

（1）将"飞鸟.mp4"插入到序列"颜色分离"的 V1 轨道零点处；在 V2 轨道 2 帧处复制"飞鸟.mp4"；在 V3 轨道 4 帧处复制"飞鸟.mp4"。轨道内容如图 7.114 所示。

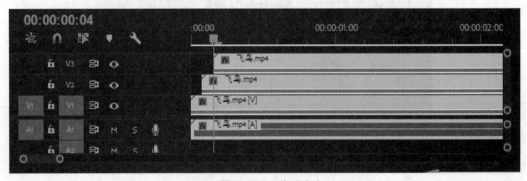

■ 图 7.114 轨道内容

（2）选中所有视频轨道素材，在"效果"面板找到"颜色平衡 RGB"双击，为三段视频同时添加"颜色平衡 RGB"效果。

（3）只选中 V3 轨道的视频剪辑，在"效果控件"面板的"颜色平衡 RGB"参数中，只保留红色值，将绿色和蓝色值设置为 0；同理 V2 轨道素材的剪辑只保留绿色值；V1 轨道素材的剪辑只保留蓝色值，如图 7.115 所示。

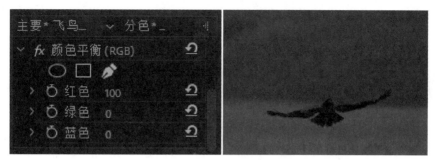

■ 图 7.115　颜色平衡（RGB）

（4）将 V3 轨道的视频剪辑"不透明度"设置为 80%，"混合模式"设置为"滤色"；同理将 V2 轨道的视频剪辑"不透明度"设置为 80%，"混合模式"设置为"滤色"。图 7.116 所示为 V2 轨道的剪辑效果在控件面板中的内容及合成效果。

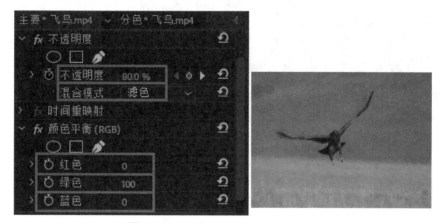

■ 图 7.116　"效果控件"参数及合成效果

3. 调色与校色

（1）新建序列"调色校色"，将序列"颜色分离"拖入"源"素材监视器窗口。在第 1 秒处设置入点，在第 6 秒处设置出点，将其插入到 V1 轨道零点处。

（2）将剪辑"镜头 1.mp4"放置在 V1 轨道 00：00：05：01 处，利用"Lumetri 窗口"中的"颜色匹配"，匹配飞鸟剪辑的颜色。单击"应用匹配"按钮，如图 7.117 所示。

■ 图 7.117　颜色匹配

在"节目"监视器窗口，单击"比较视图" 按钮，将其关闭。删除 V1 轨道的"镜头1.mp4"剪辑。

4. 新建调整图层并添加镜头光晕

（1）在"项目"面板中单击"新建项"按钮，在弹出的菜单中选择"调整图层"命令，将"调整图层"插入至"调色校色"序列的 V2 轨道零点处，并使其出点与 V1 中的剪辑出点对齐。

（2）将"镜头光晕"效果添加至"调整图层"，并为其设置"光晕中心"关键帧，制作动态的镜头光晕效果，如图 7.118 所示。

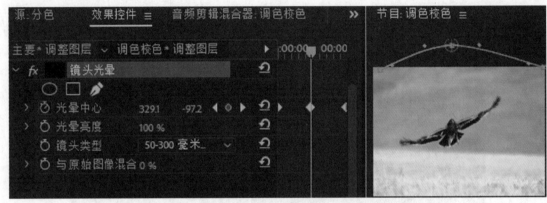

■ 图 7.118　镜头光晕效果

5. 斜角边效果

（1）选中"调色校色"序列轨道中的所有剪辑右击，在弹出的快捷菜单中选中"嵌套"命令，将其嵌套为"嵌套序列 01"。

（2）为嵌套序列添加"边缘斜边"效果。参数及效果如图 7.119 所示。

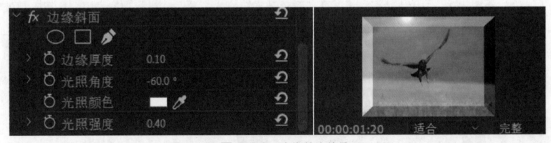

■ 图 7.119　边缘斜边效果

6. 淡入淡出效果

在时间轴上为"嵌套序列 01"添加"不透明度"关键帧，完成淡入淡出效果，如图 7.120 所示。

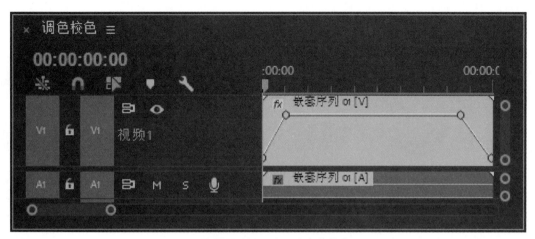

■ 图 7.120　淡入淡出效果

7. 预览并保存项目文件

按【Enter】键进行序列内容的渲染，预览结果并保存项目文件。

习　　题

习题内容请扫下面二维码。

习题内容

第 *8* 章

键控效果

Premiere Pro CC 的键控效果组主要用于视频合成。Premiere Pro CC 视频合成的轨道顺序是自上而下的，当上一轨道剪辑有透明信息时，下一轨道素材的内容就会透过上一轨道的透明区域显示出来，从而实现视频画面的合成。前面章节中学习的通过调整不透明度、混合模式以及添加蒙版等方法实现视频的合成。

本章介绍使用键控效果组中的效果，完成视频的合成。

 学习要点

- 了解 Alpha 通道的含义
- 掌握 Alpha 通道如何将透明度信息存储在文件中
- 掌握基于颜色的抠像方法
- 掌握遮罩的使用方法
- 掌握轨道遮罩键的使用方法

 建议学时

上课 1 学时，上机 4 学时。

8.1 Alpha 通道与亮度键

Alpha 通道使用 8 位二进制数来表示 256 级灰度，即 256 级的透明度。白色（值为 255）的 Alpha 像素用以定义不透明像素，而黑色（值为 0）的 Alpha 通道像素用以定义透明像素，介于黑白之间的灰度 Alpha 像素用以定义不同程度的半透明像素。

颜色信息一般包含在三个通道内：红通道、绿通道、蓝通道。另外，图像还可以包含一个不可见的第四通道 Alpha 通道，Alpha 通道可用来将图像及其透明度信息存储在一个文件中，而不会影响颜色通道的内容。

8.1.1 具有 Alpha 通道的素材

Adobe 的很多软件都可以保存带 Alpha 通道的素材。Premiere、Photoshop、After Effects、Illustrator 等软件在保存特定文件格式时，可以一并保存其 Alpha 通道的内容。

对于本身包含 Alpha 通道的素材，导入 Premiere Pro CC 后，在"项目"管理器窗口中选中该素材，单击"剪辑 | 修改 | 解释素材"命令，在打开的对话框"解释素材"选项卡中选择如何解释文件中的 Alpha 通道。Alpha 通道的处理方式如图 8.1 所示。

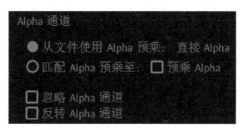

■ 图 8.1 Alpha 通道的处理方式

Alpha 通道以两种方式将透明度信息存储在文件中："直接 Alpha"或"预乘 Alpha"。使用"直接 Alpha"通道时，透明度信息仅存储在 Alpha 通道中，而不存储在任何可见的颜色通道中。对于直接通道，只有图像显示在支持直接通道的应用程序中时，透明度效果才可见。使用"预乘 Alpha"通道时，透明度信息存储在 Alpha 通道以及带有背景色的可见 RGB 通道中。半透明区域的颜色将依照其透明度比例转向背景色。

选择"反转 Alpha 通道"可交换不透明区域与透明区域，或者选择"忽略 Alpha 通道"可完全不使用 Alpha 通道信息。

在图 8.2 中，左侧图是具有 Alpha 通道的"企鹅 .psd"文件，右侧图是其 Alpha 通道的内容。

■ 图 8.2 具有 Alpha 通道的"企鹅 .psd"文件

在"时间轴"序列窗口的视频 1 轨道插入一个视频素材，效果如图 8.3 左侧图所示；将"企鹅 .psd"素材插入到视频轨道 2 上，两个素材合成的效果如图 8.3 右侧图所示。

■ 图 8.3　通过 Alpha 通道合成素材

8.1.2　Alpha 调整

单击菜单"窗口 | 效果"命令，在打开的"效果"面板中找到"视频效果"，在其"键控"效果文件夹中包含了大量的抠像视频效果，如图 8.4 所示。

键控效果组中的"Alpha 调整"效果，可用于解释剪辑中的 Alpha 通道。其中：

- "忽略 Alpha"：忽略剪辑的 Alpha 通道。
- "反转 Alpha"：反转剪辑的透明度区域和不透明区域。
- "仅蒙版"：仅将效果应用于蒙版区域。Alpha 调整如图 8.5 所示。

■ 图 8.4　键控效果

■ 图 8.5　Alpha 调整

对于包含 Alpha 通道的素材使用"Alpha 调整"效果来完成抠像十分便捷。

将带 Alpha 通道的视频剪辑放置在 V2 轨道，将背景视频放置在 V1 轨道，两个轨道的视频内容如图 8.6 剪辑内容截图所示。

■ 图 8.6　剪辑内容截图

为 V2 轨道剪辑添加"Alpha 调整"效果，效果如图 8.7 左侧图所示。选择"反转 Alpha"复选框的合成效果如图 8.7 中间图像所示。同时选择"反转 Alpha"和"仅蒙版"复选框的效果如图 8.7 右侧图所示。

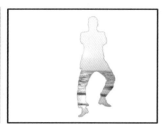

■ 图 8.7　Alpha 调整

8.1.3　亮度键

"亮度键"效果抠出图层中指定亮度的所有区域。常用于创建遮罩的对象与其背景相比有显著不同的明亮度值。"亮度键"效果参数如图 8.8 所示。其中：

● "阈值"：较高的值会增加透明度的范围。

● "屏蔽度"：设置由"阈值"指定的不透明区域的不透明度。较高的值会增加透明度。

提示：也可以使用"亮度键"效果来抠出亮区，做法是将"阈值"设置为低值而将"屏蔽度"设置为高值。

■ 图 8.8　亮度键

如图 8.9 所示，在 V1 轨道放置素材 a，V2 轨道放素材 b，为素材 b 添加亮度键，适当调整参数值，最终的合成效果如图 8.9 所示。

■ 图 8.9　素材与合成效果

8.2 抠像

8.2.1 基于颜色抠像

基于颜色的抠像是将指定的颜色，或与指定的颜色相近的颜色设置为透明，从而达到抠像的目的。

在"键控"效果文件夹中有很多这样的效果。如超级键、非红色键、颜色键等。

1. 超级键

用于抠出所有类似于指定的主要颜色的图像像素。其中：

● 遮罩生成

"透明度"100 表示完全透明，0 表示不透明；"高光"增加源图像的亮区的不透明度；"阴影"增加源图像的暗区的不透明度；"容差"允许的颜色差异范围；"基值"从 Alpha 通道中滤出杂色。

● 遮罩清除

"抑制"用来缩小 Alpha 通道遮罩的大小；"柔化"使 Alpha 通道遮罩的边缘变模糊；"对比度"调整 Alpha 通道的对比度。"中间点"选择对比度值的平衡点。

● 溢出抑制

"降低饱和度"控制颜色通道背景颜色的饱和度；"范围"控制校正的溢出的量；"溢出"调整溢出补偿的量；"亮度"与 Alpha 通道结合使用可恢复源剪辑的原始明亮度。

● 颜色校正

可以对色相、饱和度以及亮度值进行调整。

如图 8.10 所示，进行绿屏抠图。使用"超级键"中的"主要颜色"吸管，在"节目"监视器窗口的绿色位置单击取色。

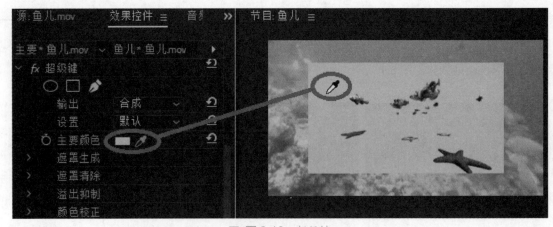

■ 图 8.10 超级键

通过参数设置后，可以产生很细腻的抠像效果，如图 8.11 所示。

■ 图 8.11 超级键参数及效果

2. 非红色键

"非红色"键可以基于蓝色或绿色的背景创建透明区域，参数如图 8.12 所示。

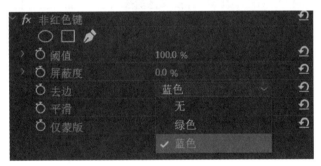

■ 图 8.12 "非红色键"参数

其中：

● "阈值"：设置用于确定剪辑透明区域的蓝色阶或绿色阶。在移动"阈值"滑块时，使用"仅蒙版"选项可查看黑色（透明）区域。"阈值"越小则透明度的值越大。

● "屏蔽度"：该值越小，则去除背景颜色的效果越明显。

● "去边"：可以选择"无、绿色、蓝色"根据画面内容选择要去除的背景颜色。

● "平滑"：可以选择"无、高、低"，指去除锯齿的效果。

● "仅蒙版"：确定是否将效果应用于素材的 Alpha 通道。

例如：将带有蓝色背景的飞鸟和草原合成。将飞鸟素材放入 V2 轨道，将草原素材放入 V1 轨道，为 V2 轨道的飞鸟素材添加"非红色键"效果，参数值如图 8.12 所示，效果如图 8.13 所示。

■ 图 8.13 素材与合成效果

3. 颜色键

上面的例题也可以用"颜色键"效果完成。为"时间轴"序列窗口中的素材添加"颜色键"视频效果后，在"效果控件"中将"颜色键"效果参数展开，如图 8.14 所示。

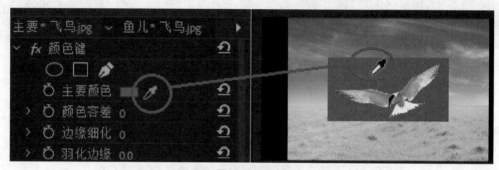

■ 图 8.14 颜色键

其中：

- "主要颜色"：被指定为透明色的颜色，可以用色块旁边的"吸管"工具在屏幕中吸取颜色。
- "颜色容差"：即相似性，就是容差值，取值越大选取的颜色范围越大。
- "边缘细化"：精细的调整抠像边缘的清晰度，值越大去除的主要颜色越干净。
- "羽化边缘"：进行抠像的边缘羽化效果，值越大羽化效果越明显。

8.2.2 遮罩抠像

1. 图像遮罩键

"图像遮罩键"效果是以遮罩图像的 Alpha 通道或亮度信息决定透明区域。其效果是根据静止图像剪辑（充当遮罩）的明亮度值抠出剪辑图像的区域。透明区域显示下方轨道中的剪辑产生的图像。

在"时间轴"序列窗口的视频 1 轨道插入"背景 .mp4"素材，在视频 2 轨道上插入要合成的视频素材"水底 .mp4"，轨道内容如图 8.15 所示。

■ 图 8.15 轨道素材内容

为"水底 .mp4"添加"图像遮罩键"效果，在"效果控件"窗口中展开"图像遮罩键"效果，单击设置按钮 ，在打开的"选择遮罩文件"对话框中选择遮罩文件，这里选择"Penguins.psd"作为遮罩文件，文件包含 Alpha 通道。

在"效果控件"窗口中设置"图像遮罩键"效果的"合成使用"属性，该属性有两个值：Alpha 遮罩和亮度遮罩。当使用遮罩文件的 Alpha 通道作为合成素材的遮罩时，选择"Alpha 遮罩"；当使用遮罩文件的亮度值作为合成素材的遮罩时，选择"亮度遮罩"。这里选择"Alpha 遮罩"，两个原始素材文件和合成效果如图 8.16 所示。

■ 图 8.16　两个原始素材及合成效果

2. 差值遮罩

"差值遮罩"用于比较两个相似的素材画面，移去两个画面相似的部分，保留有差异的部分。差值遮罩适合使用静止背景拍摄的场景，扣出移动物体，然后将其放在不同的背景上，完成场景的合成。

"差值遮罩"使用方法有点特殊：在不同的轨道导入素材后，两个素材都要添加"差值遮罩"效果，上方轨道的"差值遮罩"效果中要设置"差值图层"为下方视频轨道。

（1）将"差值机器人 .mov"素材放入 V2 轨道零点处，单击"节目"监视器窗口的"导出帧"按钮，将起始画面保存为"背景 .bmp"文件，如图 8.17 所示。

■ 图 8.17　差值遮罩效果

（2）将"背景 .bmp"素材放入 V1 轨道零点处，使其与 V2 轨道素材长度首尾对齐。

（3）选中两个素材，为它们添加"差值遮罩"效果。将 V2 轨道素材"差值遮罩"效果的"差值图层"设置为"视频 1"，如图 8.18 所示。

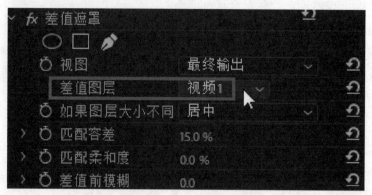

■ 图 8.18　差值遮罩参数设置

（4）同理，将 V1 轨道素材"差值遮罩"效果的"差值图层"设置为"视频 2"。原始素材及合成效果如图 8.19 所示。

■ 图 8.19　原始素材及合成效果

3. 移除遮罩

"移除遮罩"效果用于从某种颜色的剪辑中移除颜色边缘。若导入具有"预乘 Alpha 通道"的素材，可以移除黑色或白色背景。

如图 8.20 所示，对"亮度遮罩"后的剪辑分别使用"遮罩类型"是"黑色"和"白色"后的效果。

■ 图 8.20　移除遮罩

4. 使用"轨道遮罩键"

"轨道遮罩键"效果使用时，需要两个要进行合成的素材和一个遮罩素材。因为可以将遮罩文件单独放入视频轨道，所以通过设置轨道素材运动关键帧的方法，可以设置运动遮罩效果。

三个素材文件分别为"大海.mp4""美景.mp4""遮罩.jpg"，内容如图 8.21 所示。

这三个素材要分别放置在三个不同的轨道上：在最下层轨道上放置背景素材、在中间轨道放置要合成的素材、在最上面的轨道上放置遮罩素材，如图 8.21 所示。

■ 图 8.21　轨道内容

将"轨道遮罩键"效果添加到中间轨道也就是添加到要做合成的素材轨道上。并将其效果参数展开进行如图 8.22 所示的设置。

■ 图 8.22　添加"轨道遮罩键"效果

可以对视频 3 轨道的"遮罩.jpg"制作运动效果。在不同的位置设置位置关键帧来完成运动遮罩效果，如图 8.23 所示。

■ 图 8.23　设置关键帧

最终效果如图 8.24 所示。

■ 图 8.24 合成效果图

8.3 应用实例——影院放映

本案例分两个部分：影片合成和幕布放映。在影片合成的部分使用了图层蒙版、运动关键帧等，完成两个视频层的融合；在幕布放映部分使用了颜色键进行抠像，在播放的视频首、尾制作黑起和黑落的淡入淡出效果。

影院放映

1. 新建项目、导入素材、新建序列

新建项目"影院放映 .prproj"，导入素材"影院放映"文件夹。利用"文件 | 新建 | 序列"命令，在"新建序列"对话框中选择一个满足使用要求的预设序列或者自定义设置，序列名称为"影片合成"。

2. 制作影片合成效果

（1）放置轨道素材

在"影片合成"序列窗口的 V1 轨道的零点处插入素材"镜头 .mp4"；V2 轨道的零点处插入素材"大海 .mp4"；V3 轨道的零点处插入素材"蒙版 .jpg"。在"效果控件"窗口中适当调整它们的大小和位置。使得三个剪辑的轨道素材如图 8.25 所示。所有轨道素材都以"大海 .mp4"为基准，对齐它们的入点和出点。

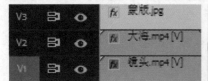

■ 图 8.25 轨道素材及内容截图

（2）添加视频效果

为"大海 .mp4"添加"轨道遮罩键"，"遮罩"内容为"视频 3""合成方式"为"亮度遮罩"，如图 8.26 所示。

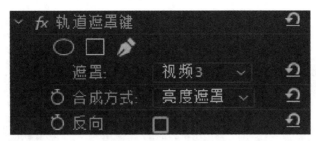

■ 图 8.26　轨道遮罩键

为"蒙版 .jpg"设置"位置"关键帧，制作由上至下的运动位移动画，如图 8.27 所示。

■ 图 8.27　设置位置关键帧

效果如图 8.28 所示。完成两个视频层的自然融合。

■ 图 8.28　合成效果

3. 制作幕布播放效果

（1）放置轨道素材

新建序列，序列名称为"幕布播放"。将序列"影片合成"嵌套并插入至 V1 轨道零点处。将"影院 .mp4"插入 V2 轨道零点处。使两段素材首尾对齐，将多余部分截取掉。

（2）添加视频效果

为"影院 .mp4"添加"颜色键"，在绿色幕布的位置创建蒙版，微调蒙版参数，调整"颜色容差""边缘细化"等参数值，如图 8.29 所示。将绿色幕布部分扣除。

■ 图 8.29　颜色键参数设置

　　在嵌套的"影片合成"序列的两端添加"黑场过渡"的视频过渡效果。轨道素材内容如图 8.30 所示。

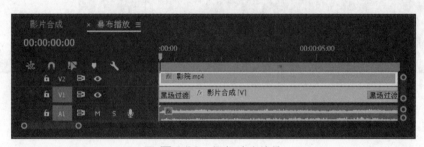

■ 图 8.30　视频过渡效果

4. 预览效果并保存

部分内容的预览效果截图，如图 8.31 所示。

■ 图 8.31　部分效果截图

习　　题

习题内容请扫下面二维码。

习题内容

第9章

字　幕

字幕是视频编辑的重要环节。多样化的字幕内容展示，不仅有助于我们了解视频的主旨，还能为视频的表现形式增色。Premiere Pro CC 随着版本的升级，为创建字幕提供了更多、更快捷的方法。在创意云（Creative Cloud）协作功能下，Adobe 各系列软件之间的无缝对接功能大大加强，Premiere 字幕工具也同 PhotoShop 一样引入了图层的概念，使字幕的编辑更加便捷。

◎ 学习要点

- 掌握标题字幕的创建方法
- 熟练使用文本工具创建字幕
- 掌握基本图形编辑字幕及基本图形模板的使用
- 掌握开放式字幕的创建
- 掌握字幕效果的添加和设置

◎ 建议学时

上课 1 学时，上机 4 学时。

9.1 创建字幕

Premiere Pro CC 提供了多种创建字幕的方法：高版本保留了低版本的"标题设计器"，可以使用它来创建字幕与形状；直接从工具栏选取文字工具在视频预览窗口的任意位置创建字幕；在"基本图形"编辑面板中可以编辑字幕和使用图形模板；使用"开放式字幕"命令创建字幕文件等。

9.1.1 标题设计器

在 Premiere 中可以使用"标题设计器"窗口来创建和编辑字幕,"标题设计器"是 Premiere 提供的最早的创建字幕的方法,所有版本都适用。

1. 新建旧版标题

使用菜单"文件 | 新建 | 旧版标题"命令,将弹出"新建字幕"对话框,进行字幕的视频大小、名称的设置,如图 9.1 所示。

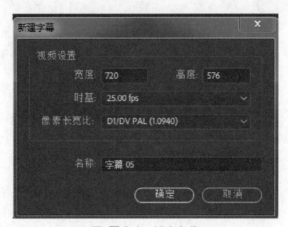

■ 图9.1　新建字幕

单击"确定"按钮后,系统将自动打开"标题设计器"面板。用户可以创建可视化元素,它包括文字、图形和线条等,如图 9.2 所示。

■ 图9.2　标题设计器

在"标题设计器"窗口编辑完字幕内容后，关闭该窗口，字幕文件将自动保存并添加至"项目"面板中。

2. 编辑文本

在"标题设计器"窗口的"字幕工具"调板中提供了三组文字工具：字符文字工具、段落文字工具和路径文字工具。

（1）字符文字工具

字符文字工具包括：水平文字工具 和垂直文字工具 。选择了文字工具后，在工作区中要输入文字的开始处单击进行输入。字符文字如图 9.3 所示。输入的过程中若要自动换行，选择"字幕"菜单中的"自动换行"命令。输入完毕，选择"字幕工具"调板中的"选择"工具 ，在文本框外单击，结束输入。

（2）段落文字工具

段落文字工具包括：区域文字工具 和垂直区域文字工具 。选择了段落文字工具后，在工作区中先拖动出一个文本框，然后进行段落文字输入。段落文字如图 9.4 所示。

■ 图9.3 字符文字

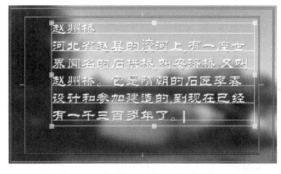

■ 图9.4 段落文字

（3）路径文字工具

路径文字工具包括：路径文字工具 和垂直路径文字工具 。

先选中要使用的路径文字工具，然后绘制一条路径。路径绘制完成后，再次单击要使用的路径文字工具，然后在路径的开始位置单击输入文字，如图 9.5 所示。

■ 图9.5 沿路径输入文字

在绘制或修改路径时可以使用"字幕工具"调板中的钢笔工具组，可以添加锚点、删除锚点、转换锚点等。文字路径的修改与运动路径的修改方式相同。

3. 创建形状

在"标题设计器"窗口的"字幕工具"调板中还提供了绘制形状的若干工具。形状绘制完成后，选择"字幕工具"调板中的"选择"工具 将多个绘制的形状选中，利用"标题设计器"窗口的"字幕动作"调板，可以设置字幕的对齐、居中及分布方式，如图 9.6 所示。

4. 字符和形状的格式化

（1）使用"字幕样式"调板

字符和形状的格式化可以直接使用"标题设计器"窗口的"字幕样式"中的样式。单击"字幕样式"调板右侧的弹出式菜单按钮 ，利用弹出的菜单命令，可以完成保存样式、应用样式以及进行样式库的追加等操作，如图 9.7 所示。

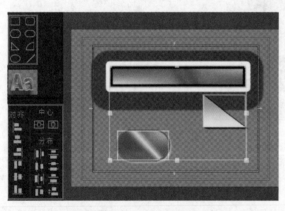

■ 图9.6 "标题设计器"窗口

■ 图9.7 "字幕样式"命令

（2）使用"标题属性"调板

在"标题设计器"窗口的"标题属性"调板中，可以对字幕进行变换、属性、填充、描边、阴影、背景等内容的设置，如图 9.8 所示。

（3）使用"字幕主调板"

"字幕主调板"中也可以改变字符的字号、字体、对齐方式、字间距、行间距等内容。在"字幕主调板"中还包含了一些其他功能按钮。

"显示背景视频"按钮 00:00:00:00：单击该按钮，编辑标记线所在当前帧的画面就会出现在"标题设计器"窗口的工作区，作为背景显示。"背景视频时间码"会使工作区中显示的画面随时间码的变化显示相应的帧画面。

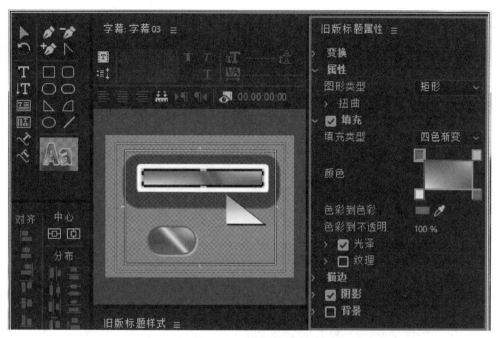

■ 图9.8 "字幕属性"调板

"基于当前字幕新建字幕"按钮 🔳：在当前字幕的基础上新建一个字幕。

注意：

● 有时在输入文字后，发现文字的内容不能正常显示，如图 9.9 左侧图所示。这说明当前选择的字体不支持中文字体。只要在工作区选中文字后，单击"字幕主调板"中的"字体"下拉列表框，向下选择一种支持中文的字体就可以了，正常的文字效果如图 9.9 右侧图所示。

■ 图9.9 字体的显示

● 在"标题设计器"窗口、"源"素材监视器窗口以及"节目"监视器窗口中经常会看到两个白色的线框，其中的内部白色线框是"字幕安全区域"，所有的字幕的内容应放在该区域内；外部的白色线框是"活动安全区域"，视频画面中的重要元素应放在该区域内。这是为了防止视频内容输出到其他显示媒体时，画面的边角处可能会显示不全。

9.1.2　文字图层

在 Premiere Pro CC 2017 之后的版本增加了文字图层功能。可以使用工具组 **T** 中的"文字工具"和"垂直文字工具"创建，也可以使用系统命令"图形|新建图层"中的命令完成，使得字幕的创建更加简洁便利。

1. 编辑文字

（1）文本工具

在工具箱中选中"文本工具"，在"节目监视器"窗口单击，输入文字内容，在"时间轴"序列窗口的视频轨道上会自动生成一个文字图层，如图 9.10 所示。

■ 图 9.10　文本工具

在"时间轴"序列窗口选中字幕图层，在它的"效果控件"面板就可以对字幕进行一系列编辑。包括：字体、大小、对齐方式、外观等内容。如图对字幕内容设置了填充、描边及阴影等效果。

（2）文本图层

除了使用"文本工具"可以创建文本层外，也可以选择"图形|新建图层"中的"文本"或

"直排文本"命令，来创建文本图层。或者在"基本图形"窗口单击"新建"按钮，创建文字或者形状图层，如图 9.11 所示。

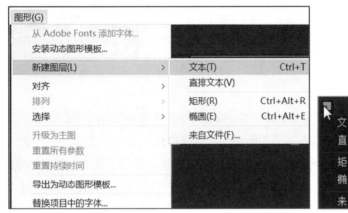

■ 图 9.11　新建文本图层

（3）"基本图形"窗口

● 创建文字图层

单击"窗口 | 基本图形"命令，在"基本图形"窗口的"编辑"选项卡中可以创建多个文本图层。可以选中某个图层进行内容的编辑，文本属性的设置既可以在"效果控件"面板中完成，也可以在"基本图形"下方的属性设置区完成。

● 改变图层顺序

在"基本图形"面板中可以利用鼠标直接上下拖动改变图层的顺序。

● 响应设计——位置

基本图形如图 9.12 所示，若希望形状随着文字内容的增加而自动延展，随着文字内容的增减而自动调整，就要进行位置的响应设计。

首先选中形状图层，在响应式设计位置"固定到"下拉列表中选择文字图层，然后单击右侧的"选中响应位置"按钮。

■ 图 9.12　基本图形

如图 9.13 所示，将形状固定到文字图层的位置响应效果。

■ 图 9.13　位置响应

● 响应设计——时间

在 Premiere 中，可以定义保留开场和结尾关键帧的图形片段，即使图形的总体持续时间发生变化这些片断也不会受到影响，当修剪图形的入点和出点时，会对开场和结尾时间范围内的关键帧进行保护。

在"时间轴"和"效果控件"面板中，图形剪辑上叠加的透明白色部分表示剪辑的开场和结尾片段。这些片段可以在"基本图形"面板或"效果控件"面板中定义。在"效果控件"面板的时间轴视图中，所选剪辑的开始和结束位置有一个蓝色的小手柄，拖动左侧手柄以定义开场片段，拖动右侧手柄以定义结束片段。也可以使用"基本图形"面板在"开场持续时间"里，输入要定义为开场的时间量，在"结尾持续时间"里，输入要结束的时间量。

响应设计时间设置如图 9.14 所示。

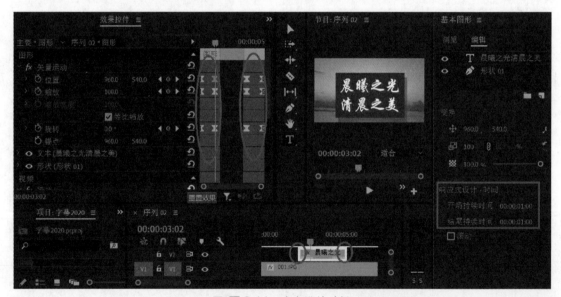

■ 图 9.14　响应设计时间

如果在文本的开头 1 秒和结束的 1 秒处都设置了位置和缩放的关键帧，并且将开始后的 1 秒和结束前的 1 秒都设置为响应时间。这样当文字图层增加或者缩短时，它的首尾动画效果都会被保留。如图 9.15 所示，当文字的总体长度变短和变长时，响应设计时间都会跟随等比例的变化。

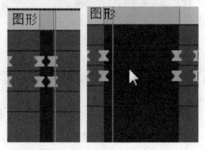

■ 图 9.15　响应设计时间效果

2. 处理形状

使用钢笔工具，在"节目"监视器中单击，可以创建形状。单击并拖动可以创建带有贝塞尔手柄的控制点，这些手柄的使用与设置关键帧时所用手柄操作方式相同，可以精确控制所创建的形状。如图 9.16 所示，和文本一样，形状也会产生一个图形图层，在"基本图形"窗口中可以设置其样式。

■ 图 9.16　添加形状

使用"钢笔"工具组中的"矩形工具""椭圆工具"还可以绘制相应的形状。按住【Shift】键可以绘制标准的正方形和圆形，如图 9.17 所示。

■ 图 9.17　形状

双击"外观"的"填充"色块，打开"拾色器"面板，可以选择填充的类型"实底""线性渐变""径向渐变"等，如图 9.18 所示。

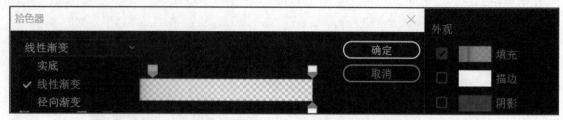

■ 图 9.18　外观设置

选择了"线性渐变"后，在色带的上方添加或者设置不透明度色标，色带下方添加或者设置颜色色标。将色标脱离色带就可将其删除。如图 9.19 所示，添加线性渐变填充的编辑和效果图。

■ 图 9.19　填充设置及效果

3. 插入 Logo

在"基本图形"的"新建项"中选择"来自文件"，导入文件"logo.png"。使用"选择"工具将其放置在屏幕的左下角。调整 Logo 的大小和位置。这里添加了矩形图形，设置了填充颜色、不透明度、描边颜色等样式，将其衬与文字下方。将 Logo 图层置于形状层之上。效果如图 9.20 所示。

4. 矢量运动

添加文字图层或者形状图层后，在"效果控件"面板中都会看到"矢量运动"效果，使用"矢量运动"中的参数可以为文字或者形状进行基于矢量的运动操作。这样做的好处是不失真。如图 9.21 所示为添加了矢量运动的一组关键帧，在进行运动的过程中不会有边缘锯齿产生失真现象。

■ 图 9.20　插入 Logo

■ 图 9.21　矢量运动

9.1.3　字幕样式及其他常规操作

1. 预设字幕样式

选择"基本图形"窗口中的"浏览"选项卡,可以使用丰富的预置字幕样式,如图 9.22 所示。

■ 图 9.22　预设字幕样式

　　找到合适的字幕预设后，直接拖动到视频轨道上就可以使用。在参数设置中替换想要表达的内容即可。使用字幕样式如图 9.23 所示。

■ 图 9.23　使用字幕样式

2. 自定义字幕样式

　　使用样式可以描述文字的颜色以及字体等特征。创建好喜欢的字幕样式，可以将它保存为自定义样式，以便复用。

如图 9.24 所示，在"时间轴"序列窗口创建了两个文本图层，分别进行了独立样式的设置。

■ 图 9.24 字幕样式

现在将第一个文本样式定义为"主文本样式"，并将该样式应用于第二个文字图层上。

在"时间轴"序列窗口选中第一个文字图层，在"基本图形"面板中单击它所属的视频层，然后在下方的"主样式"下拉列表中选择"创建主文本样式"，如图 9.25 所示。

■ 图 9.25 字幕样式

在打开的对话框中给出样式的名称"黑色阴影加描边"并确定，如图 9.26 所示。

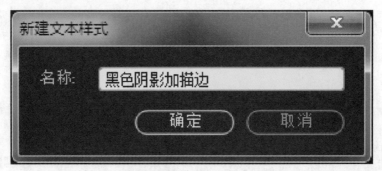

■ 图9.26 定义字幕样式

3. 应用字幕样式

选中要应用样式的字幕，在"基本图形"窗口中选中该文字所在字幕图层，在下方的"主样式"中选择"黑色阴影加描边"样式，字幕就继承了新的样式，如图9.27所示。

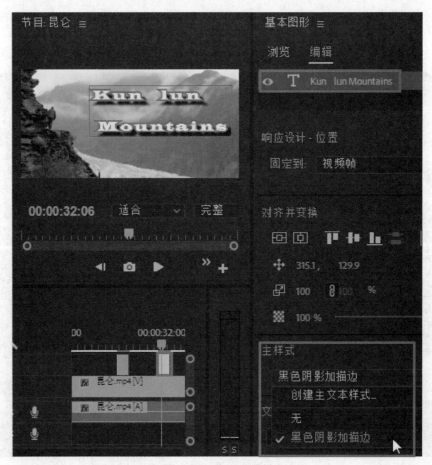

■ 图9.27 应用字幕样式

继承样式前后的对比图，如图9.28所示。

■ 图 9.28　字幕样式对比

4. 保存样式

在"项目"面板中可以看到新的主样式已被保存，这样就可以在项目之间共享此文字样式。选中"项目"面板中的"黑色阴影加描边"样式，将其拖动至新序列的文字图层中，文字图层将继承文字样式，如图 9.29 所示。

■ 图 9.29　保存字幕样式及应用自定义样式

5. 字幕的默认持续时间

字幕的默认持续时间就是"静止图像默认持续时间"。所以，可以通过"编辑 | 首选项 | 时间轴"中的"静止图像默认持续时间"对其进行设置。

6. 升级为主图

在 Premiere Pro CC 中，创建的字幕图层是不会出现在"项目"面板中的，但如果将字幕转换为主图形，一个新的图形剪辑就会添加至"项目"面板中，方便在不同的序列或者多个项目之间共享此剪辑。

在"时间轴"序列窗口选中文字图层，利用系统菜单"图形 | 升级为主图"，如图 9.30 所示。

在"项目"面板中就会添加一个"图形"剪辑，如图 9.31 所示。

将其添加至新的序列，还可以在"基本图形"面板中继续修改其属性，如图 9.32 所示。

■ 图 9.30 升级为主图

■ 图 9.31 "图形"剪辑

■ 图 9.32 修改图形属性

9.1.4　新版字幕

使用 Premiere Pro CC 2017 以上的版本可以使用新版字幕功能，适用于添加文字内容较多的字幕。

1. 新建字幕文件

单击"文件 | 新建 | 字幕"命令，或者选择"项目"面板内底端的"新建项"中的"字幕"命令，都将打开"新建字幕"窗口，如图 9.33 所示。

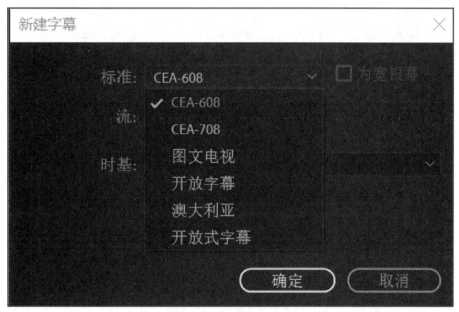

■ 图 9.33　新建字幕

在标准中选择"开放式字幕"，而其余几种为隐藏字幕或称闭合字幕。所谓隐藏字幕，是北美和欧洲地区电视类节目传输的字幕标准，需要播放设备控制才能显示出来。在"项目"面板中新建一个"开放式字幕"文件，将其拖放至"时间轴"序列窗口的视频轨道中。

2. 编辑字幕内容

双击"项目"面板中的字幕文件，选择"窗口 | 字幕"都会打开"字幕"面板，如图 9.34 所示。在"字体样式"中可更改字体、样式、大小、文本和背景文本框颜色、边缘颜色、设置描边轮廓的不透明度、调整文本位置等。

要添加更多字幕块内容，可以在"字幕"面板的右下角单击"添加字幕"（+）按钮。要删除某个字幕块，可选择该字幕块并单击"删除字幕"（-）。可以为每个字幕块设置其入点位置和出点位置。将"项目"面板的字幕文件拖到时间轴序列窗口的视频轨道，位于该序列中所需字幕的源剪辑上方。

字幕样式 ——

—— 字幕入点、出点及内容

导入/导出 ——

—— 添加/删除字幕内容

■ 图 9.34　字幕面板

在"字幕内容"框中输入文字内容，在"字体样式"中设置文字样式。在"入点 | 出点设置"中设置文字的入点和出点时间。"节目"监视器窗口中的内容和"时间轴"序列窗口轨道内容，如图 9.35 所示。

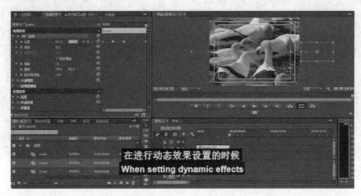

■ 图 9.35　字幕内容

3. 修改所有字幕样式

在字幕面板左侧缩略图的位置或者在入点 / 出点设置的位置右击，在弹出的快捷菜单中选择"全选"命令，然后修改样式。如图 9.36 所示，全选后修改文字颜色。

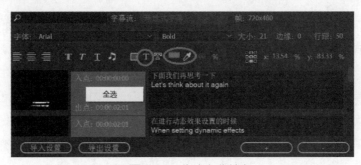

■ 图 9.36　修改字幕样式

如图 9.37 所示，统一将字幕修改为：文字颜色为红色、字体设置为"华文行楷"、背景设置为透明。

■ 图 9.37　修改字幕效果

9.2　动态字幕和字幕效果

在 Premiere Pro CC 中，可以创建静态字幕或动态字幕；也可以为字幕添加各种视频过渡效果和视频效果，制作出炫酷的字幕效果。

9.2.1　动态字幕

创建动态字幕既可以使用 Premiere Pro CC 提供的默认命令，也可以基于静止字幕，通过在"效果控件"窗口中设置关键帧的方法创建。

动态字幕分为游动字幕和滚动字幕。横向运动的字幕称为游动字幕，纵向运动的字幕称为滚动字幕。

1. 利用工具按钮创建动态字幕

利用"标题编辑器"窗口的"滚动 / 游动选项"工具按钮，可以创建滚动或游动的字幕。

在打开的"标题设计器"窗口，使用"垂直区域文字工具"，输入贺知章诗歌"咏柳"，如图 9.38 所示。

在"字幕主面板"中，单击"滚动 / 游动"选项按钮，弹出"滚动 / 游动选项"对话框，可以对字幕类型和定时进行设置。其中"预卷"指字幕在运动之前保持静止状态的帧数；"过卷"指字幕在运动之后保持静止状态的帧数；"缓入"指字幕由静止状态加速到正常状态的帧数；"缓出"指字幕由正常状态减速到静止状态的帧数，如图 9.39 所示。

在"字幕类型"设置中，选择系统默认的设置"向右游动"，在"定时（帧）"设置中，选择"开始于屏幕外"和"结束于屏幕外"复选框，单击"确定"按钮。在"项目"面板中找到创建的游动字幕文件，将其拖动至"时间轴"面板的视频轨道中，预览效果，如图 9.40 所示。

滚动字幕的设置，只需要在"滚动 / 游动选项"对话框中，选中"滚动"单选按钮并设置其定时（帧）和"预卷"值即可。

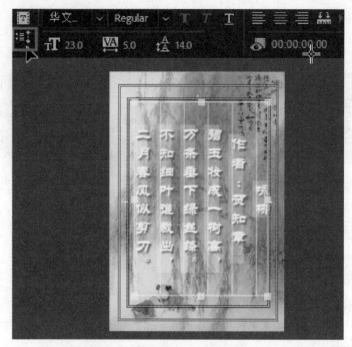

■ 图 9.38 创建"游动字幕"

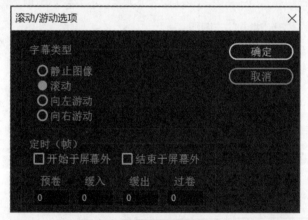

■ 图 9.39 滚动 / 游动选项

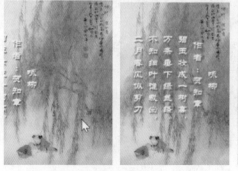

■ 图 9.40 游动字幕

2. 利用关键帧创建动态字幕

基于静止字幕，通过在"效果控件"窗口中设置关键帧的方法创建动态字幕。如图 9.41 所示，通过设置位置关键帧完成游动字幕效果。其他运动效果如缩放动画、旋转动画、不透明度设置等与视频剪辑的做法相同。

■ 图 9.41 创建关键帧

3. "文字图层"创建滚动字幕

使用文字工具在"节目"监视器窗口单击，添加文字，比如片尾或片头的一些文字内容。如图 9.42 所示，可以在其他文本编辑器中输入内容，然后将其复制到 Premiere 中。

■ 图 9.42 滚动字幕

使用工具箱上的"选择工具"，单击"节目"监视器窗口的背景，在"基本图形"面板中会显示图形属性，勾选"滚动""启动屏幕外""结束屏幕外"复选框，如图 9.43 所示。

■ 图 9.43　设置滚动字幕

预览效果，部分截图如图 9.44 所示。

■ 图 9.44　截图效果

选项的含义：

- "启动屏幕外"：字幕完全从屏幕下方滚入。
- "结束屏幕外"：字幕完全从屏幕上方滚出。
- "预卷"：设置第一个字在屏幕上显示之前要延迟的帧数。
- "过卷"：指定滚动字幕结束后播放的帧数。
- "缓入"：指定在开始位置将滚动的速度从零逐渐增加到最大速度的帧数。
- "缓出"：指定在末尾位置放慢字幕速度的帧数。

"时间轴"序列窗口中字幕的长度决定了其播放速度。较短的字幕图层其播放速度一定快于较长字幕图层的播放速度。

9.2.2　字幕效果

可以为字幕添加视频过渡效果和视频效果，其操作方法与视频剪辑的操作方法相同。

1. 字幕过渡效果

可以在字幕的两端添加视频过渡效果，如图 9.45 所示，为字幕添加"交叉溶解"视频过渡效果，实现字幕的淡入、淡出。

■ 图 9.45　字幕过渡效果

2. 字幕视频效果

如图 9.46 所示，为字幕图层添加"颜色平衡（RGB）""波形变形"等视频效果；在"效果控件"面板中可以调整参数值。其操作方法与为剪辑添加视频效果的操作方法一样，这里不再赘述。

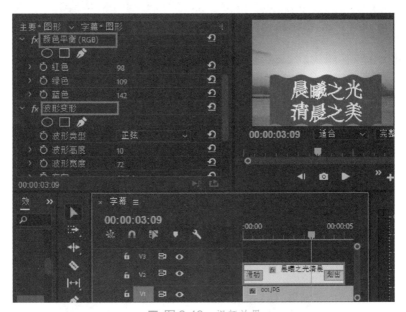

■ 图 9.46　视频效果

3. 字幕的 Alpha 通道

由于字幕文件自带 Alpha 通道，所以可以结合"轨道遮罩键"制作流光文字的效果。

在"时间轴"序列窗口的视频轨道中，由下而上的轨道中分别放置"背景.mp4""波光.mpg""字幕01"等内容，如图9.47所示。

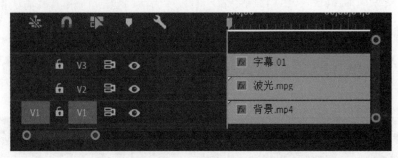

■ 图9.47 轨道内容

为"波光.mpg"添加"视频效果 | 键控 | 轨道遮罩键"，并在"效果控件"面板中设置其参数值："遮罩"设为"视频3"，"合成方式"设为"Alpha遮罩"，如图9.48所示。

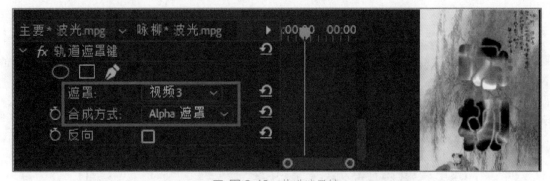

■ 图9.48 轨道遮罩键

预览流光文字效果，如图9.49所示。

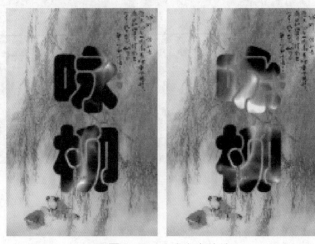

■ 图9.49 流光文字效果

9.3 应用实例——视频解说词

本案例将使用"标题设计器"制作标题；使用新版字幕功能为视频添加解说词；为解说词设置展开效果。

视频解说词

1. 新建项目文件和序列

新建项目文件"校园 .prproj"；新建"标题"序列。

2. 制作片头

（1）导入素材并制作视频片头的静帧画面

导入视频"校园短片 .mp4"。在"项目"窗口双击"校园短片 .mp4"，使其在"源"监视器窗口打开，单击窗口下方的"导出帧"按钮，在"导出帧"窗口输入名称"片头"，格式为 JPEG 类型的图片文件，单击"确定"按钮，如图 9.50 所示。

■ 图 9.50　片头图片

将"片头 .jpg"放至"时间轴"窗口"标题"序列的 V1 轨道零点处；设置其播放长度为 3 秒，适当调整其大小。为图片添加"高斯模糊"，模糊值为 20。

（2）制作片名字幕内容

使用菜单"文件 | 新建 | 旧版标题"命令，设置字幕的视频大小和名称"片头字幕"。在"标题设计器"面板输入文字"美丽的校园"，设置其字体、大小、四色填充、描边以及阴影效果，如图 9.51 所示。

将"片头字幕"添加到 V2 轨道的零点处，并使其结束位置与 V1 轨道的图片对齐，如图 9.52 所示。

（3）制作片头字幕的淡入 / 淡出效果

在"效果控件"面板中，为"片头字幕"设置"不透明度"关键帧。在 0 点设置"不透明度"值为 0% 的第一个关键帧；在 1 秒处设置"不透明度"值为 100% 的第二个关键帧；在 2 秒处设置"不透明度"值为 100% 的第三个关键帧；在 3 秒处设置"不透明度"值为 0% 的第四个关键帧，如图 9.53 所示。

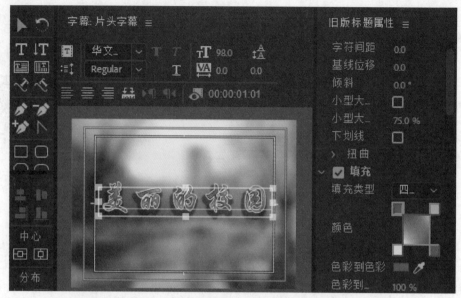

■ 图 9.51　片头标题及样式

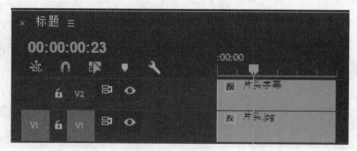

■ 图 9.52　轨道内容

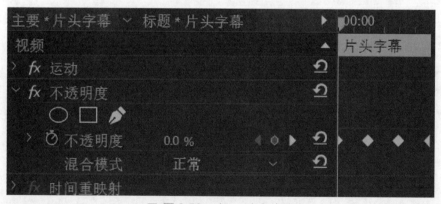

■ 图 9.53　淡入 / 淡出效果

3. 视频正文解说词

新建序列"主体"，将"校园短片 .mp4"放至 V1 轨道零点处；适当调整其大小。

使用"文件 | 新建 | 字幕"命令，选择"开放式字幕"命令。将"项目"面板中新建的"字

幕"文件,拖放至 V2 轨道零点处。在 V2 轨道选中"字幕"文件,拖动其右侧延长其播放时间,使其与 V1 轨道的"校园短片 .mp4"对齐。

(1)组织文字内容

在"字幕"面板输入文字"春已至",设置其入点、出点时间以及字体样式等内容。在"字幕"面板单击"添加字幕"按钮,继续输入并设置其他字幕的内容,如图 9.54 所示。

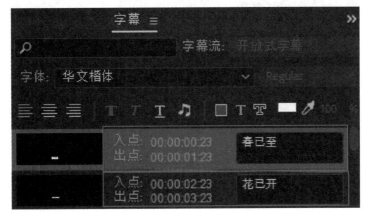

■ 图 9.54　字幕内容

"时间轴"序列窗口内容,如图 9.55 所示。

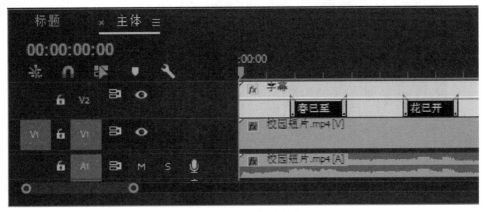

■ 图 9.55　轨道内容

(2)去除黑色填充区域

预览会发现在字幕内容的下方有一个黑色填充区域,如图 9.56 所示左侧图所示。将黑色填充区域去除,效果如图 9.56 所示右侧图所示。

方法一:可以将背景颜色选中,设置值为 0%。设置背景颜色如图 9.57 所示。

方法二:视频轨道上选中该"字幕",然后在"效果控件"面板中打开"不透明度",将"混合模式"设置为"滤色",去除黑色的填充区域。效果如图 9.58 所示。

■ 图 9.56　效果截图

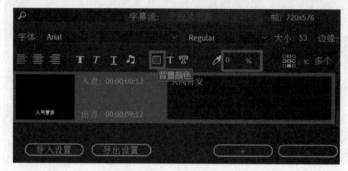

■ 图 9.57　设置背景颜色

■ 图 9.58　混合模式

（3）文字展开效果

为字幕添加"不透明度"蒙版。使用"创建 4 点多边形蒙版"，设置蒙版路径关键帧，使文字一点点展开，如图 9.59 所示。

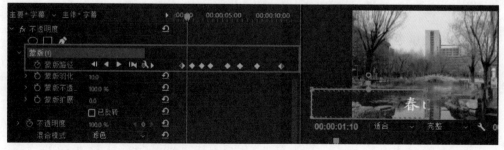

■ 图 9.59　设置蒙版路径关键帧

4. 序列嵌套

新建序列"作品",将"标题"序列和"主体"序列放至 V1 轨道,如图 9.60 所示。

■ 图 9.60　轨道内容

5. 加入台标

在 V3 轨道零点处插入素材"logo.png",使其与整个作品的出点对齐。调整其大小和位置,将其放置在视频的右上角,作为台标呈现出来。

6. 预览效果

按【Enter】键进行序列内容的渲染,预览结果并保存项目文件。

作品部分内容截图,如图 9.61 所示。

■ 图 9.61　部分内容截图

习　　题

习题内容请扫下面二维码。

习题内容

第 *10* 章

Premiere Pro CC
音频效果

一个好的视频作品离不开音频烘托气氛，音频是组成影片的重要元素。Premiere Pro CC 增强了音频的处理功能，提供了多种音频效果。在 Premiere Pro CC 中可以编辑音频素材、添加音频效果、进行多条音轨的编辑合成及制作 5.1 声道音频文件等。

◎ 学习要点

- 掌握音频轨道的不同类型
- 掌握音频效果的添加方法
- 掌握 Premiere Pro CC 中录制音频的方法
- 掌握 "基本声音" 面板的使用
- 掌握 "音轨混合器" 的使用

◎ 建议学时

上课 1 学时，上机 4 学时。

10.1 音频轨道和音频编辑

在 Premiere Pro CC 中视频轨道是不分类型的，而音频轨道则不同。在一个序列中可以混合多种不同类型的音频轨道。

10.1.1 音频轨道

在 "新建序列" 对话框中的 "轨道" 选项卡中可指定视频轨道数量、音频轨道数量及音频轨道类型等内容。其中音频轨道包括：主音轨的类型、序列中音频轨道的数目及每个音频轨道的类型等内容，如图 10.1 所示。

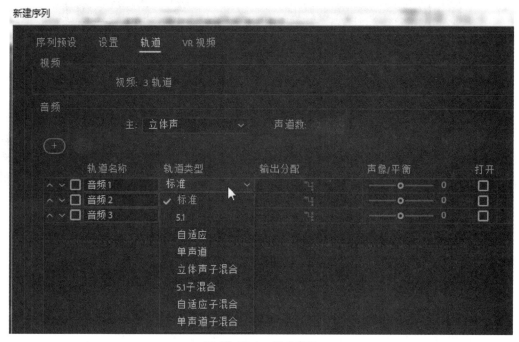

■ 图 10.1　新建序列

当序列创建完毕后，可以随时添加音频轨道。与添加视频轨道方法一样，单击系统菜单"序列 | 添加轨道"命令，或者在轨道头的快捷菜单中选择"添加轨道"命令，都会打开"添加轨道"对话框，随时添加不同类型的音频轨道。

1. 音频轨道类型

（1）标准

标准音频轨道可以同时放置单声道和立体声音频剪辑，它们都会有两个声道播放数据。是音轨的默认预设。

（2）5.1

包含三条前置音频声道（左声道、中置声道、右声道）、两条后置或环绕音频声道（左声道和右声道）、通向低音炮扬声器的低频效果（LFE）音频声道。5.1 轨道只能包含 5.1 声道的音频。

（3）自适应

自适应音轨可包含单声道和立体声音轨。对于自适应音轨，可以将源音频映射至输出音频声道。常用于处理录制多个音轨的摄像机录制的音频。

（4）单声道

包含一条音频声道。如果将立体声音频添加至单声道音轨，立体声音频会转换为单声道音轨内容。如图 10.2 所示，在单音轨中插入立体声音频。

■ 图 10.2 音频轨道内容

添加四种类型的音频轨道后，在时间轴序列窗口中可以看到不同类型的音频轨道其轨道标记也是不一样的。轨道标记如图 10.3 所示，从上至下的轨道类型分别是标准、5.1、自适应和单声道。

■ 图 10.3 轨道标记

2. 音频子混合轨道

"子混合音轨"不能包含音频剪辑，它不是真实存在的声音轨道，而是用来管理混音和效果的虚拟轨道。音频子混合轨道可以用来输出音频轨道的组合信号或通向它们的发送内容。

3. 主声道

在音频轨道的最下面是一条主声道，主声道用于作品声音的最终输出。同音频子混合轨道一样，主声道中也不能添加任何音频素材。序列可以放置任何类型的音频轨道，但是最终输出时所有音频都会混合为主音轨的音轨格式（立体声、5.1、多声道、单声道）。

输出音量的顺序是：从音频轨道到子混合轨道，最后到达主声道结束。

4. 自定义音频轨道头

单击"时间轴"序列窗口的"设置"按钮，在弹出菜单中选择"自定义音频头"命令，如图 10.4 左侧图所示。可以打开"按钮编辑器"，窗口如图 10.4 右侧图所示。

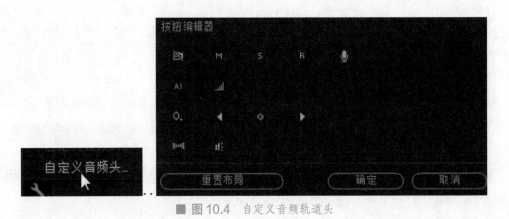

■ 图 10.4 自定义音频轨道头

"自定义音频头"中的按钮名称及其作用如表 10.1 所示。

表 10.1　"自定义音频头"中功能按钮及其作用

序号	图标	名　　称	作　　用
1		切换同步锁定	进行同步锁定或者取消同步锁定
2	M	静音轨道	设置静音轨道
3	S	独奏轨道	设置独奏轨道
4	R	录音轨道	设置录音轨道
5	A1	轨道名称	设置轨道名称
6		轨道音量	加大或减少轨道音量
7		显示轨道关键帧	用于选择：剪辑关键帧、轨道关键帧、轨道声像器
8		转到上一关键帧	跳到下一个关键帧
9		添加 - 移除关键帧	在没有关键帧的位置是添加关键帧，有关键帧的位置是移除关键帧
10		转到下一关键帧	跳到下一个关键帧
11		左 / 右平衡	调节轨道左 / 右声像平衡
12		轨道计	可以显示一个迷你轨道音量计量器

将"轨道音量"按钮、"左 / 右平衡"按钮、和"轨道计"按钮拖动至音频轨道头，单击"节目"监视器窗口的"播放"按钮。如图 10.5 所示，可以看到有一个小音量指示器；有调节轨道左右声像平衡的旋钮；还有轨道音量值，正值表示加大轨道音量，负值为降低轨道音量。

■ 图 10.5　音频轨道

10.1.2　音频编辑

可以进行音频编辑的窗口有很多，与音量息息相关的有"音频仪表"面板。同时，编辑音频素材也可以在"项目"管理器窗口、"源"监视器窗口、"时间轴"序列窗口、"节目"监视器窗口、"效果控件"窗口及"音频剪辑混合器"等窗口完成。

1. "音频仪表"面板

"音频仪表"面板的主要功能是提供序列的总体混合输出音量。在播放序列时，"音频仪表"

会动态变化来反映音量的大小。

在"音频仪表"面板的底端有独奏按钮，可以独奏左声道或者右声道的音频。如图 10.6 左侧图所示，独奏左侧声道音频内容。"音频仪表"面板的刻度单位是分贝，用 dB 表示，最高音量被指定为 0 dB，音量越低则负值越大。单击"音频仪表"面板，可以查看其快捷菜单。如图 10.6 右侧图所示。

在快捷菜单中，可以设置不同的显示比例，默认是 60 dB 范围，即 0 dB ～ –60 dB。"静态峰值"会在指示器中标记并保持最高峰值；"动态峰值"会不断更新峰值电平。可以单击"重置指示器"来重置峰值。

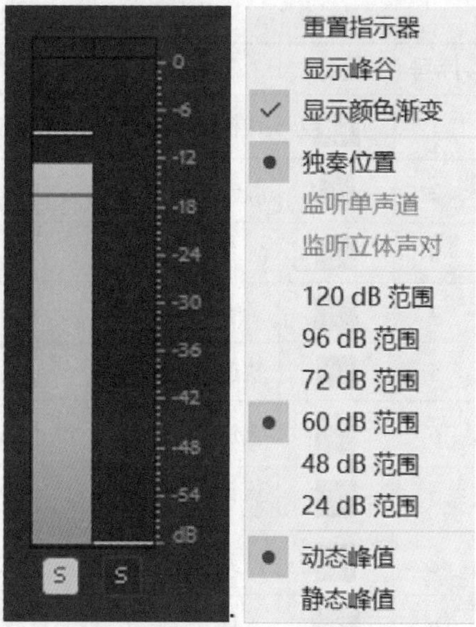

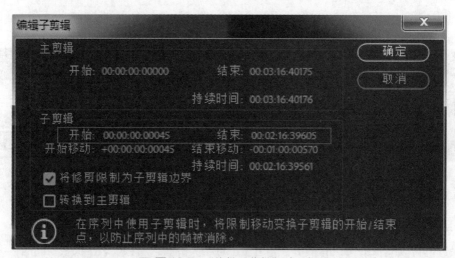

■ 图 10.6　音频仪表

2．"项目"窗口

在 Premiere Pro CC 中音频素材的基本编辑方式与视频素材的编辑方式相似，对音频素材的编辑也可以使用编辑视频素材的方法来完成。

（1）编辑子剪辑

在"项目"面板选中要剪切的音频素材右击，在其弹出的快捷菜单中选择"编辑子剪辑"命令，在打开的"编辑子剪辑"对话框中设置子剪辑的开始时间和结束时间，如图 10.7 所示。

■ 图 10.7　"编辑子剪辑"对话框

（2）拆分为单声道

在"项目"面板选中要操作的音频文件，单击系统菜单"剪辑 | 音频选项 | 拆分为单声道"命令。可以将左右两个声道的音频分别提取出单声道的音频文件，如图 10.8 所示。

（3）提取视频的音频部分

在"项目"面板选中要操作的视频文件，单击系统菜单"剪辑 | 音频选项 | 提取音频"命令。提取出来的音频文件将出现在"项目管理器"窗口中。如图 10.9 所示，可以在"项目"面板选中提取的音频，通过快捷菜单"在资源管理器中显示"，可以查看提取的音频文件的存放路径。

■ 图 10.8　拆分声道　　　　　　　　　　　　　　　　■ 图 10.9　提取音频

（4）调整音频增益

在"项目"面板选中要操作的音频文件，单击系统菜单"剪辑 | 音频选项 | 调整音频增益"命令。音频增益是指音频信号电平的强弱，调整音频增益是进行音频处理最常用到的操作，如图 10.10 所示。此命令可以用于调整一个或多个音频素材片段的音频增益。

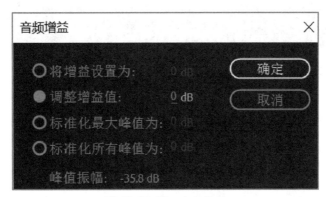

■ 图 10.10　音频增益

其中：

● "将增益设置为"：默认是 0 dB，可以将增益设置为指定的值。

● "调整增益值"：默认是 0 dB，可以将增益调整为正值或负值，输入该值的同时系统将自动更新上面的"将增益设置为"的值。

● "标准化最大峰值为"：默认是 0 dB，可以设置最高峰值的绝对值。

● "标准化所有峰值为"：默认是 0 dB，可以设置匹配所有峰值的绝对值。若一次选择了多个素材片段，使用这项功能可以把选择的所有音频内容调整到使它们的峰值均达到 0 dB 所需的增益值。

3. "源"监视器窗口

在"项目"面板双击音频素材，将素材在"源"监视器窗口打开，在该窗口设置素材的入点和出点，单击"插入"　■■■　按钮或"覆盖"　■■　按钮，将音频素材片段以插入或覆盖的方式放置到"时间轴"序列窗口的音频轨道上。

4. "节目"监视器窗口

在"节目"监视器窗口设置素材的入点和出点，单击该窗口的"提升" 按钮或"提取" 按钮进行音频素材的删除。

5. "效果控件"窗口

在"时间轴"窗口选中音频素材后，会在"效果控件"窗口中的"音量效果"中显示"音量""声道音量""声像器"选项组，音频效果如图 10.11 所示。

■ 图 10.11　音频效果

（1）音量

"音量"选项中有"旁路"和"级别"两项，其中"旁路"用来开启或关闭应用效果；"级别"控制音量的大小。

例如：通过添加音量关键帧的方法设置音频文件的淡入淡出效果，选中关键帧，在其弹出的快捷菜单中可以选择曲线类型，如图 10.12 所示。

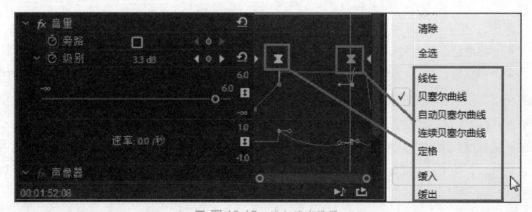

■ 图 10.12　淡入淡出设置

（2）声道音量

"声道音量"用来分别设置音频素材的左、右声道的音量，同样可以使用关键帧控制左、右声道的音量值。声道音量如图 10.13 所示。

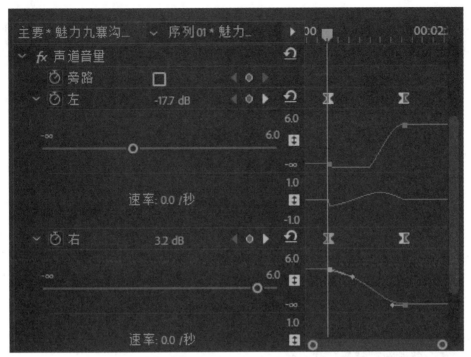

■ 图 10.13　声道音量

（3）声像器

"声像器"用来设置音频文件的声像平衡，通过设置关键帧来控制音频的立体声声像效果。"平衡"值为负表示左声道、"平衡"值为正表示右声道。声像器设置如图 10.14 所示，可以听到声音在左右声道中来回摆动的效果。

声像平衡：值小于 0 则偏左声道，当值等于 -100 时只输出左声道音量。

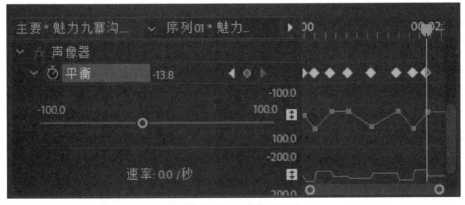

■ 图 10.14　声像器设置

6. "时间轴"序列窗口

(1) 编辑音频素材

将音频素材插入到"时间轴"序列窗口，单击工具箱中的"选择" 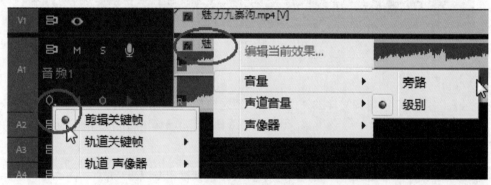 工具，当移动到音频素材片段的入点位置，出现剪辑入点图标时，可以通过拖动素材片段的入点进行重新设置；同理，使用选择工具，当移动到素材片段的出点位置，出现剪辑出点图标时，可以通过拖动对素材片段的出点进行重新设置。

在时间轴中编辑音频素材也可以使用"工具"面板中的工具，这些操作与视频编辑时使用工具的操作方法是一样的，这里不再赘述。

(2) 选择关键帧

在"时间轴"的音频轨道上，单击"选择关键帧"按钮，在其弹出的快捷菜单中选择"剪辑关键帧"命令，这时可以在"时间轴"面板中为轨道素材添加一组控制关键帧。右击轨道素材的"fx"标记，在其弹出的快捷菜单中选择"音量""声道音量""声像器"，可以直接在"时间轴"面板为轨道素材添加关键帧。其方法与在"效果控件"面板中的操作相同，如图 10.15 所示。

■ 图 10.15 "时间轴"序列窗口编辑音频素材

注意：可以使用"工具"面板中的"钢笔工具"设置关键帧。

(3) 轨道音量和声像控制

Premiere 的音频轨道和音频轨道素材的关系就像盒子和装在盒子里的物体的关系。盒子里的物体有自己本身的属性，同时它还要受到盒子的制约。音频轨道可以设置关键帧，音频素材也可以设置关键帧，作为音频轨道的素材它要受到素材本身的关键帧的束缚同时音频轨道的关键帧也要对它起作用。

在"时间轴"窗口的音频轨道上，单击"选择关键帧"按钮，在其弹出的快捷菜单中选择"轨道关键帧"命令，这时可以在"时间轴"面板中为轨道添加一组控制关键帧。单击"轨道"或"声像器"右侧的按钮，可以为轨道设置音量、静音及声像器平衡关键帧。

　　具体设置关键帧的方法与在"效果控件"面板中的操作相同。可以使用"钢笔工具"随时快速地添加轨道关键帧。如图 10.16 所示，利用关键帧快捷菜单可以选择曲线类型。

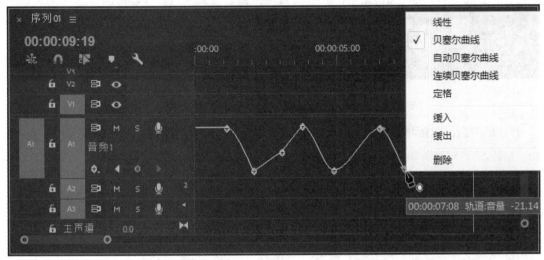

■ 图 10.16　设置轨道音量关键帧

　　同样的方法，也可以为轨道设置声像器平衡关键帧，进行轨道的声像平衡控制。

　　注意：轨道关键帧是设置到轨道上的，当轨道上放置素材后，该轨道素材自动套用轨道关键帧；当删除轨道素材后，轨道关键帧依然在轨道上并不会随素材的删除而被删除掉。

　　（4）录音轨道

　　可以指定某个音频轨道为录音轨道，其中录音前的准备工作详见 10.4.1 节的介绍。

　　如图 10.17 所示，V1 放置视频的部分，A1 是背景音乐，A2 录制一段配音。为了避免在录制声音的过程中把背景音乐也收录进去，这里将 A1 设置为静音轨道。

■ 图 10.17　音频轨道内容

　　单击 A2 轨道的"画外音录制"按钮，开始录音，如图 10.18 所示。"节目"监视器出现一个短暂的倒计时后开始录制。在录制的过程中，"节目"监视器播放当前时间轴的视频内容，"音量仪表"面板中显示输入的音量电平。

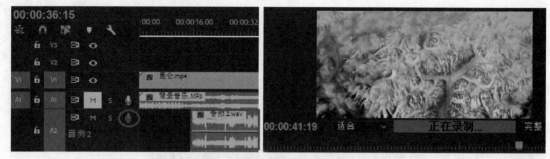

■ 图 10.18　录音

　　录制结束后，"时间轴"序列轨道上会产生一个录制好的音频剪辑，同时，"项目"面板中会有一个同样的音频剪辑，如图 10.19 所示。

■ 图 10.19　录制好的音频文件

7. 在"音频剪辑混合器"窗口编辑音频素材

　　"音频剪辑混合器"可以更加直观地修改音频的音量。

　　（1）"音频剪辑混合器"面板

　　首先通过播放线的位置选择不同的音频轨道，"时间轴"上的音频轨道名称与音频剪辑混合器上的轨道名称是一致的。利用"声像平衡"旋钮可以直接调节声像平衡；单击"M"设置静音轨道；单击"S"设置独奏轨道；利用"写关键帧"按钮可以在播放时对素材添加音量关键帧，如图 10.20 所示。

　　（2）添加剪辑音量关键帧

　　在"音频剪辑混合器"中，单击音频轨道的"写关键帧"按钮，在播放序列内容时，拖动音量滑块，就可以动态写入一系列剪辑音量关键帧。

　　如图 10.21 所示为轨道内容。下面动态调节"背景音乐 .mp3"的音量。

　　启用"音频剪辑混合器"的 A2"写关键帧"按钮。播放序列，在播放序列时，对 A2 音量控制器做出一些调整，向上移动增大音量，向下移动减小音量。如图 10.22 左侧图所示，"音量剪辑混合器"动态调整音量。图 10.22 右侧图所示为添加的剪辑音量关键帧。

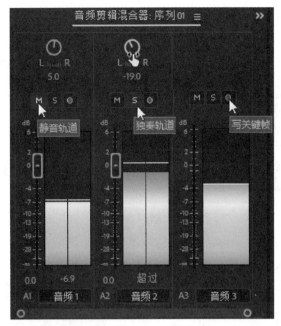

■ 图 10.20　音频剪辑混合器

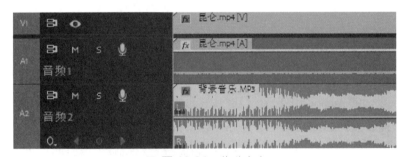

■ 图 10.21　轨道内容

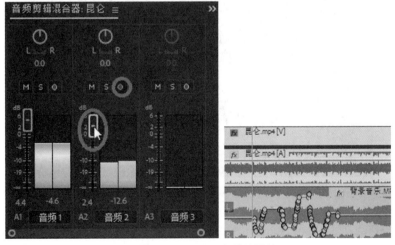

■ 图 10.22　写入音量关键帧

重新播放序列，可以看到音量控制器跟随现有关键帧上下移动，用户可以随时手动进行调整。

可以使用"钢笔"工具选中一个或多个关键帧，在其快捷菜单中选择关键帧插值的类型。如图 10.23 所示。在第"5.2.2 关键帧插值"这节详细介绍过各种插值类型的含义。调整后试听效果。

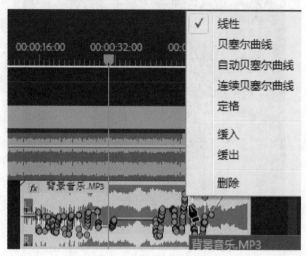

■ 图 10.23　关键帧插值类型

10.1.3　Adobe Audition 中编辑音频剪辑

后期制作的过程中，经常会对某个素材作音频效果处理，当在 Premiere 中不能很好处理时，可以借助 Adobe 公司的 Audition 音频处理软件进行协同工作。

在"项目"面板选中素材音频素材或者视频素材，在其弹出的快捷菜单中选中"在 Adobe Audition 中编辑剪辑"命令，在"项目"面板中，系统将选中的素材音频部分进行提取，如图 10.24 所示。

■ 图 10.24　提取音频

同时，系统自动打开 Adobe Audition 并在其中导入音频剪辑，这样就可以在 Audition 中编辑剪辑内容，如图 10.25 所示。

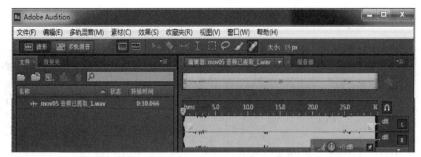

■ 图 10.25　Adobe Audition 工作界面

1. 降噪

在 Audition 中降噪简单易行且效果很好。

在 Premiere 的序列中，以 A3 轨道作为录音轨道，录制完成后会自动生成"音频 3.wav"音频文件。在"项目"面板将其选中，或者直接在"时间轴"序列窗口将其选中，单击快捷菜单中的"在 Adobe Audition 中编辑剪辑"命令，如图 10.26 所示。

■ 图 10.26　打开 Audition 命令

系统提取音频并对包含所提取音频的新剪辑进行编辑，原始主视频剪辑中的音频会被保留。"音频 3 音频已提取 .wav"将在 Adobe Audition 中打开，如图 10.27 所示。

■ 图 10.27　Audition 工作界面

选取音频文件开始的一段内容，作为噪声样本，如图 10.28 所示。

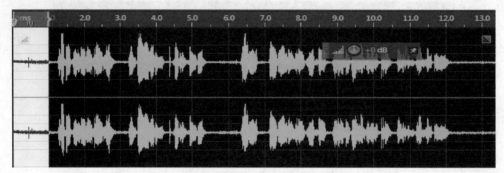

■ 图 10.28 选取降噪样本

选择"效果 | 降噪与恢复 | 降噪"命令，在"降噪"对话框中选择"捕捉噪声样本"，计算机对选区内容进行噪声分析，然后单击"选择完整文件"按钮，将降噪应用于整个文件。单击"应用"按钮完成降噪，如图 10.29 所示。

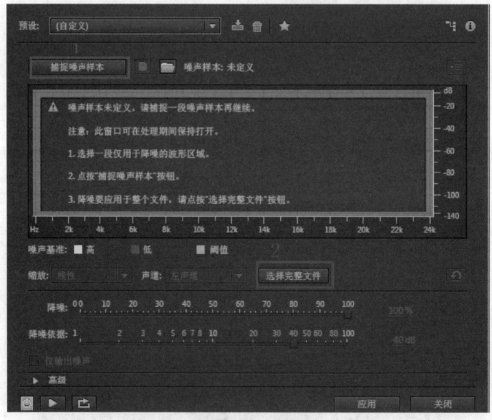

■ 图 10.29 降噪

降噪前后的波形对比图，如图 10.30 所示。

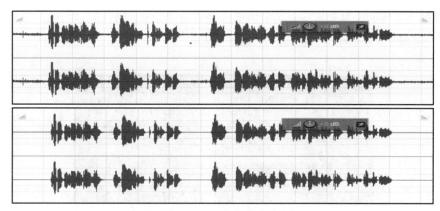

■ 图 10.30　降噪前后对比图

在 Audition 中编辑完成保存并退出。在 Premiere 的"项目"面板中"XXXXX 已提取 .wav"文件就是编辑后的音频文件，同时序列里的原音频文件也被编辑过的新的音频文件所替换。"项目"面板和轨道剪辑，如图 10.31 所示。

■ 图 10.31　Premiere 降噪后的文件

2. 去除音频污点

在混音的过程中，难免会收录进去一些杂音污点，比如混入了一个刮擦物体的声音或是一个点击鼠标或击打键盘的声音等，这样的声音时间短、突发性强，在 Premiere 中不容易去除。这时可以考虑使用更加专业的音频处理软件 Audition 完成。

首先在 Audition 中打开要处理的音频文件。单击"频谱频率显示"按钮，工作区中会以频谱频率显示音频文件。反复试听音频并观察频谱频率图，找到在 30.6 秒的附近有一个刺耳的刮擦的声音，如图 10.32 所示。

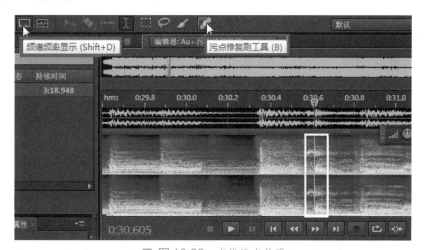

■ 图 10.32　查找污点位置

单击"污点修复刷工具"按钮，选定需要去除的杂音区域，松开鼠标左键，等待修复完成。如图 10.33 左侧图为修复过程，右侧图为修复后的效果。

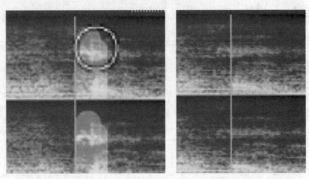

■ 图 10.33　污点修复

10.2　添加音频过渡效果与音频效果

在 Premiere Pro CC 的"效果"面板中也包括了对音频文件设置的音频效果和音频过渡效果。使用这些内置效果可以使音乐更具艺术表现力。

10.2.1　添加音频过渡效果

前面介绍过利用添加剪辑音量关键帧的方法实现淡入淡出效果、利用添加轨道关键帧的方法实现淡入淡出效果，本节介绍利用"效果"面板中的"音频过渡"文件夹中的效果完成音频的淡入淡出效果。

添加音频过渡效果与添加视频过渡效果的操作方法一样。

1. "恒定功率"效果

将"效果"面板中的"音频过渡|交叉淡化"文件夹中的"恒定功率"效果拖动到"时间轴"序列窗口的音频轨道剪辑的开始处。音频轨道的内容如图 10.34 所示。

■ 图 10.34　添加恒定功率效果

打开"效果控件"面板，可以修改效果的持续时间，完成淡入效果的设置。"效果控件"面板中的内容如图 10.35 所示。

■ 图 10.35　用"恒定功率"效果完成淡入效果

继续将"恒定功率"效果拖动到音频轨道素材的结束处。打开"效果控件"面板，可以修改效果的持续时间，完成淡出效果的设置。音频轨道的内容如图 10.36 所示。

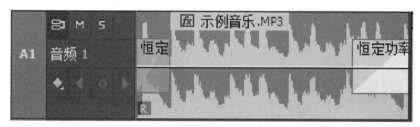

■ 图 10.36　在素材首尾添加"恒定功率"效果

"效果控件"面板内容如图 10.37 所示。

■ 图 10.37　"恒定功率"效果完成淡出

2. "恒定增益"效果

也可以将"恒定增益"效果拖动到轨道素材的两端，完成音频的淡入淡出效果。"效果控件"面板中的效果如图 10.38 所示。

■ 图 10.38　添加"恒定增益"效果

"恒定增益"效果是以恒定的速率进行音频的淡入和淡出效果处理，听起来会感到有些生硬；而"恒定功率"效果可以创建比较平滑的淡入淡出效果。

3. "指数淡化"效果

在"音频过渡"文件夹中还有一个"指数淡化"效果，它是以指数形式淡出前一段音频剪辑，同时淡入后一段音频剪辑。

音频过渡效果也常用在两个音频片段之间，这时可以在"效果控件"面板的"对齐"下拉列表中选择其对齐的位置，如图 10.39 所示。

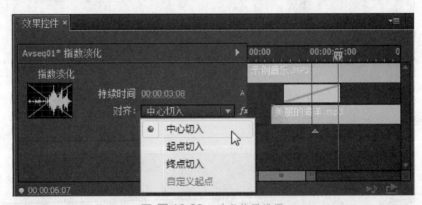

■ 图 10.39　对齐位置设置

如图 10.40 所示，在两个音频素材之间添加了"指数淡化"的音频过渡效果。

■ 图 10.40　添加指数淡化效果

10.2.2　添加音频效果

在 Premiere Pro CC 的"效果"面板中包含了大量的音频效果。使用这些内置效果可以营造出不同的音乐氛围。

1. 音频效果

在"效果"面板的"音频效果"文件夹中，包含了大量的音频效果，如图 10.41 所示。

■ 图 10.41　音频效果

在"音频效果"文件夹中的效果大体分为几类："振幅与压限""延迟与回声""滤波器和EQ""调制""降杂 / 恢复""混响""特殊效果""立体声声像""时间与变调"等。

2. 添加音频效果

下面为音频轨道素材添加"延迟"音频效果为例，说明为音频轨道剪辑添加音频效果的方法。

首先将一个音频剪辑，插入到"时间轴"序列窗口的音频轨道中。在"效果"面板中的"音频效果"文件夹中选择"延迟"效果，并将其拖动至音频轨道剪辑上；或者将"延迟"效果拖动到"效果控件"文件夹。打开"效果控件"文件夹，展开"延迟"效果进行参数设置。

这里将 00：00：10：20 开始一直到 00：00：15：08 间的内容应用"延迟"效果。其中"延迟"值为 1 秒；"混合"值为 50%。

下面通过创建"旁路"关键帧，完成了为一个时间段内的音频剪辑添加音频效果。

在零点处选中"旁路"右侧的复选框 ☑ ，并创建第一个关键帧；移动编辑标记线至 00：00：10：20，取消"旁路"右侧的复选框的选中状态，创建第二个关键帧；继续移动编辑标记线至 00：00：15：08 处，选中"旁路"右侧的复选框 ☑ ，并创建第三个关键帧，如图 10.42 所示。

■ 图 10.42　创建由"旁路"控制的三个关键帧

10.3 "基本声音"面板

"基本声音"是一套复合音频混合面板，将常用的音频混合工具整合在此面板中，可以快速地用于统一音量级别、修复声音、提高清晰度及添加特殊效果等。"基本声音"面板大大提高了音频处理效率。

在"时间轴"中选中一段音频剪辑，在"基本声音"面板中可指定此段音频的类型，从而进行详细的设置，最终达到专业音频工程师混音的效果。

10.3.1 音频剪辑类型

单击系统菜单"窗口 | 基本声音"命令，打开"基本声音"面板，如图 10.43 左侧图所示。系统按照所选音频剪辑在作品中所起的作用，将音频剪辑分为四类："对话""音乐""SFX""环境"。选择一个或多个剪辑，首先指定音频剪辑类型，面板就可呈现适用于该类型的若干控制选项。选中的选项所关联的音频效果也会同步在"效果控件"面板中，如图 10.43 右侧图所示。

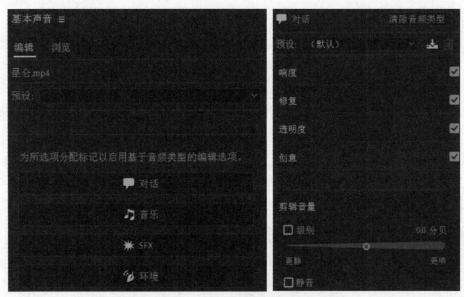

■ 图 10.43 "基本声音"以及"对话"面板

1. 对话

包含了响度、修复、透明度、创意 4 大类型的参数设置。如果选中的剪辑为"人声"，通常指定为"对话"类型，进一步完成降噪、提高对话清晰度等操作。

2. 音乐

包含了响度、持续时间、回避 3 大类型的大量参数设置。如果选中的剪辑为"音乐"，通常指定为此类型实现闪避效果。闪避就是让软件自动设置关键帧，比如设置对话为闪避对象时，对话类型中有音频波动时，音乐的声音会自动变小。

3. SFX

包含了响度、创意、平移或立体声宽度等类型。Premiere Pro 可以为音频创建伪声效果。SFX 可帮助形成某些幻觉，比如音乐源自工作室场地、房间环境或具有适当反射和混响的场地中的特定位置。

4. 环境

包含了响度、创意、平移或立体声宽度等类型。

SFX 通常是与屏幕上的某个动作或事件相关联的较短声音片段，而"环境"则更多的是与整体环境和位置有关，营造环境气氛的声音更加微妙。

注意：" 基本声音" 面板中的音频类型是互斥的，也就是说，为某个剪辑选择一个音频类型，则会还原先前使用另一个音频类型对该剪辑所做的更改。

10.3.2　"对话"类型及其操作

为音频剪辑指定音频类型后，"基本声音" 面板就会提供多个与音频类型对应的参数组，完成相关的基本音频操作。选中"对话"类型，就可以使用参数完成：将不同的录音统一为音频响度、降低背景噪声、添加压缩和 EQ 等常见对话任务。

1. 预设

在"对话"选项卡包含以下预设，如图 10.44 左侧图所示。便于快速应用人声处理效果到特定场景。

2. 统一音频中的响度

"响度"用于均衡一段时间内的平均音量，并采用非常具体的定义来确保一个片段与其他片段在播放时保持同一水平的响度。在"对话"下展开"响度"，并单击"自动匹配"按钮，会对音频剪辑应用目标响度为 –23.00 LUFS 的自动增益调整，该响度级别是广播对话音频的行业标准。

将音频剪辑添加到时间轴序列窗口的音频轨道，选中剪辑，然后在"基本声音"面板中选择剪辑类型。展开"响度"并单击"自动匹配"按钮。Premiere Pro 将剪辑自动匹配到响度级别（单位为 LUFS），显示在"自动匹配"按钮下方。如图 10.44 右侧图所示。

例如：在 A1 轨道放置三段素材，都指定它们为"对话"类型。将三段素材选中，单击"响度"自动匹配。自动匹配响度的前后对比，如图 10.45 所示。

3. 修复对话音频

启用"修复"选项，可通过减少杂色（降低噪音）、降低隆隆声、消除嗡嗡声和齿音来修复声音，每个选项都有一个强度滑块，如图 10.46 所示。

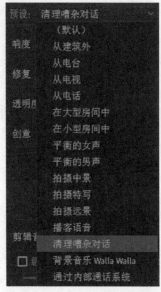

■ 图 10.44　"预设"以及"响度"面板

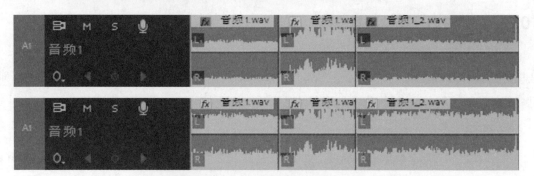

■ 图 10.45　自动匹配响度前后对比图

■ 图 10.46　修复音频

将音频剪辑添加到时间轴序列窗口的音频轨道，选中剪辑，在"基本声音"面板中选择"对话"作为剪辑类型。选中"修复"复选框并展开该部分。选择要更改的属性所对应的复选框，然后使用滑块在 0 到 10 之间调整以下属性的级别。

（1）减少杂色（降低噪音）：降低背景中不需要的噪音电平（例如麦克风背景噪声、咔嗒声等）。实际降噪量取决于背景噪声类型和剩余信号可接受的品质损失。在"基本声音"面板中所做的更改会反映到"效果控件"面板中，与"减少杂色"对应的音频效果控件是"自适应降噪"。

（2）降低隆隆声：降低低于 80 Hz 范围的超低频噪音，例如风声、机械隆隆声噪音。对应的音频效果控件是：FFT 滤波器。

（3）消除嗡嗡声：减少或消除嗡嗡声，这种噪音由 50 Hz 范围（常见于欧洲、亚洲和非洲）或 60 Hz 范围（常见于北美和南美）中的单频噪音构成。例如，由于电缆太靠近音频缆线放置而产生的电磁干扰，就会形成这种噪音。可以根据剪辑选择嗡嗡声电平。对应的音频效果控件是：消除嗡嗡声。

（4）消除齿音：减少刺耳的高频嘶嘶声。当发出"S"和"F"等声音时，容易在人声录音中形成齿音。选择此项，也可以使声音更柔和。对应的音频效果控件是：消除齿音。

（5）减少混响：可减少或去除音频录制内容中的混响。利用此选项，可对来自各种来源的原始录制内容进行处理，让它们发出的声音听起来就像是来自同样的环境。对应的音频效果控件是：减少混响。

如图 10.47 所示，在 A3 轨道进行了录音，生成"音频 3.wav"文件，将其类型指定为"对话"，在"修复"选项中进行降噪处理。

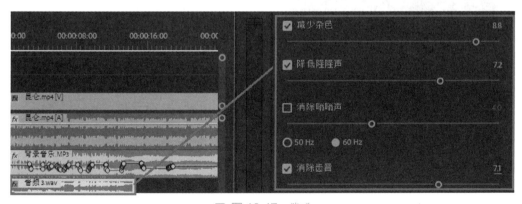

■ 图 10.47　降噪

4. "透明度"提高对话轨道的清晰度

提高序列中对话轨道的清晰度取决于各种因素。因为 50 Hz 到 2 kHz 之间的人声音量和频率存在许多变化。提高对话音频清晰度的常用方法包括：压缩或扩展录音的动态范围、调整录音的频率响应以及处理增强男声语音和女声语音等，如图 10.48 所示。

将音频剪辑添加到时间轴序列窗口的音频轨道，选中剪辑，在"基本声音"面板中选择"对话"类型。选中"透明度"复选框并展开该部分。使用滑块在 0 ~ 10 之间调整以下属性的级别。

（1）动态：通过压缩或扩展录音的动态范围，更改录音的影响，级别从自然到聚焦。音频压缩是指轻微调整响度，通常仅限于对特定音频范围进行特定比率的修改，以便让录制内容听起来更专业。对应的音频效果控件是：动态处理。

（2）EQ：降低或提高录音中的选定频率。可以从 EQ 预设列表中选择某种预设，如图 10.48 所示选择了"噪音风格"，使用滑块调整相应的量。对应的音频效果控件是：图形均衡器。

（3）增强语音：选择"男性"或"女性"，以恰当的频率处理和增强声音。对应的音频效果控件是：人声增强。

5. 混响效果

可以使用"混响"中的预设，为混音添加一些空间感。利用"数量"调整其混响的施加力度，如图 10.49 所示。

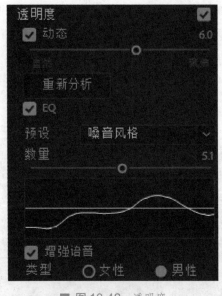

■ 图 10.48　透明度

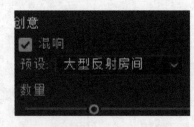

■ 图 10.49　混响

10.3.3　"音乐"类型及其操作

在"音乐"类型里也有"预设"和"响度"，使用方法与"对话"类型相同。只是"音乐"目标响度为 -25.00 LUFS。

1. "持续时间"

可实时拉长或压缩音乐的长度，常用于音乐配合视频的时长。

2. 回避

启用"回避"，系统会根据另一个音频剪辑的电平来降低本音频剪辑的电平。常见的用法是在有对话时降低背景音乐的电平，如图 10.50 左侧图所示。

（1）回避依据：单击后面的图标，可选择触发回避的剪辑类型，包括"对话""音乐""SFX""环境"或未标记的剪辑等。

（2）敏感度：调整回避触发的阈值。值越高，就需要越大音量的声音来触发回避。如果回避出现得过于频繁或过少，可以调整此值。中间范围的敏感度值可触发更多调整，使音乐在语音暂停期间快速进出。

（3）降噪幅度：用于选择将音乐剪辑的音量降低多少。默认值为 −18 dB。

（4）淡化：控制触发时音量调整的速度，即淡入淡出的持续时间。如果快速音乐与快速语音混合，可以使用较快的淡化；而如果在画外音轨道后面回避背景音乐，则选择较慢的淡化更合适。默认值为 0.8 s。

（5）生成关键帧：设置好各个参数之后，单击"生成关键帧"按钮，可以按自动回避算法计算得到关键帧并自动添加到相应位置。时间轴剪辑的音频关键帧显示还会自动切换，以显示增幅效果控件上的关键帧。

在"时间轴"序列窗口的 A1 音频轨道放入"史记简介 .wav"，将其指定为"对话"类型。在 A2 音频轨道放入"古筝曲 .mp3"，将其指定为"音乐"类型。轨道内容如图 10.50 左侧图所示。选中轨道剪辑"古筝曲 .mp3"，在"基本声音"面板的"回避"选项中设置："回避依据"选"对话"，适当降低"淡化"值，单击"生成关键帧"按钮，如图 10.50 右侧图所示。

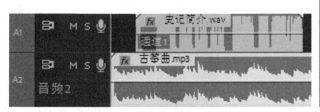

■ 图 10.50　回避

在"时间轴"序列窗口的剪辑"古筝曲 .mp3"上自动添加了若干"增幅"关键帧。试听效果，当有对话时，背景音乐自动降低音量。可以在"时间轴"序列窗口修改关键帧，如图 10.51 所示。

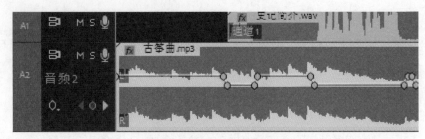

■ 图 10.51　添加关键帧

也可以，在"效果控件"面板中修改"增幅"关键帧，如图 10.52 所示。

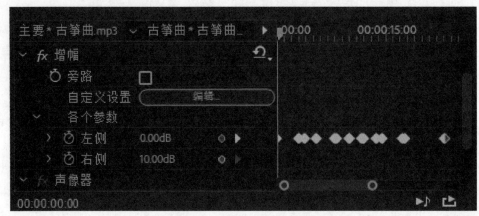

■ 图 10.52　修改关键帧

10.3.4　"SFX"类型及其操作

将音频剪辑指定为 SFX 类型，可以为音频创建伪声效果。

选中"创意"下的"混响"复选框，在"预设"框中根据需要选择混响预设，拖动"数量"值控制混响的程度。"SFX"目标响度为 -21.00 LUFS。"平移"使声音匹配视频上相应的发声位置：左侧或右侧。对应的音频效果控件是"声像器"。如图 10.53 所示，制作混响效果。

10.3.5　"环境"类型及其操作

"环境"类型常用来营造环境氛围，如室内环境声、宽广的外界环境声等。"环境"目标响度为 –30.00 LUFS，其参数与"SFX"类似，只是多了个"立体声宽

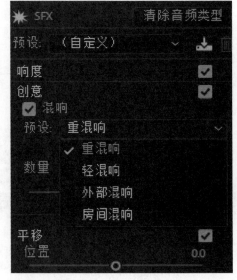

■ 图 10.53　"SFX"类型

度"常用于增加左声道和右声道之间的差异，给音频带来更宽或更窄的感觉，适用于营造氛围或者创造外部环境声音等。对应的音频效果控件是"立体声扩展器"，如图 10.54 所示。

■ 图 10.54　"环境"类型

10.4　音轨混合器

Premiere Pro CC 提供了一个专业的音频控制面板"音轨混合器"。使用"音轨混合器"面板可以很直观地对多轨道的音频进行录音、编辑音频文件、添加音频效果和进行多轨道的混音控制。

10.4.1　使用"音轨混合器"录制配音

使用"音轨混合器"面板为编辑的素材录制配音非常方便，可以边预览视频内容边录制配音。下面为一段有背景音乐的视频文件录制配音。

1. 准备录音设备

将麦克风插入到计算机的 MIC 输入插孔，选择"编辑 | 首选项"中的"音频硬件"选项，在"音频硬件"面板中检查"默认输入"项不可是"无"，进行录音设备检查，如图 10.55 所示。

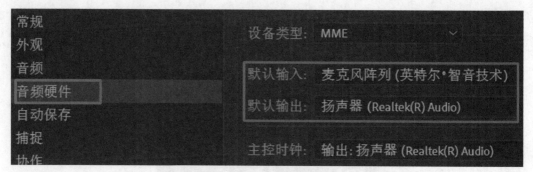

■ 图 10.55　音频硬件设置

在录制过程中应该避免有回音现象。在"首选项"设置对话框中的"音频"面板，选择"时间轴录制期间静音输入"复选框，如图 10.56 所示。

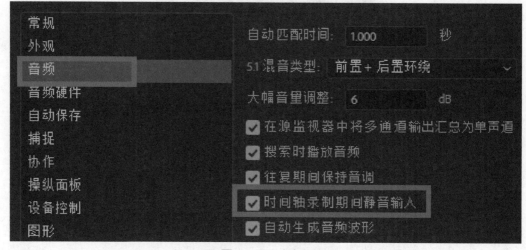

■ 图 10.56　音频设置

2. 将视频文件放置到"时间轴"序列窗口的轨道上

将视频素材插入到"时间轴"序列窗口的视频 1 轨道，其音频部分插入到音频 1 轨道。

3. 打开"音轨混合器"录音

单击"窗口 | 音轨混合器"命令，打开"音轨混合器"面板。"音轨混合器"中的音轨内容与当前"时间轴"序列窗口中的音轨内容完全对应。操作步骤如图 10.57 所示。

①在"音轨混合器"中按下"音频 2"轨道的"R"按钮，启用录音轨道，如图 10.58 所示。

②按下"音轨混合器"面板下方的"录制"按钮。

③继续按下"播放—停止切换"按钮。边预览视频边进行配音，如图 10.58 所示。为了避免将视频的音频部分录制到 A2 轨道，可以单击 A2 轨道的"S"按钮，使该轨道处于独奏状态，其他音频轨道处于静音状态。

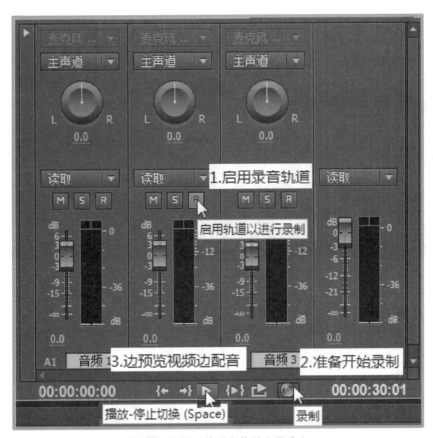

■ 图 10.57　使用音轨混音器录音

■ 图 10.58　开始录音

④单击"播放—停止切换"按钮,停止录音。

录制好的音频文件自动添加到"项目"面板中。录制的音频文件也自动放置到"时间轴"序列窗口的音频 2 轨道中,如图 10.59 所示。

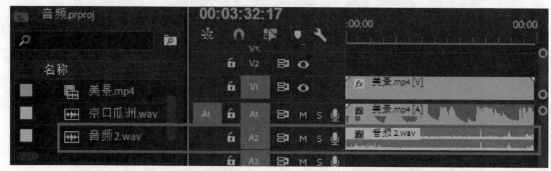

■ 图 10.59　录音文件

10.4.2　使用"音轨混合器"添加音频效果

利用"效果控件"面板可以为音频剪辑添加效果。在"音轨混合器"也可以为轨道添加一个或多个音频效果。

1. 添加效果

单击"音轨混合器"左上方的"显示 / 隐藏效果和发送"按钮,如图 10.60 左侧图所示,然后单击"效果选择"下拉列表选择要添加的具体效果,如图 10.60 右侧图所示。

2. 修改效果

若要对效果进行参数设置,先在"音轨混合器"中选中要修改的效果,然后在其下方直接修改参数值,如图 10.61 所示。

■ 图 10.60　音轨混合器

■ 图 10.61　修改效果

3. 隐藏效果与应用效果

单击效果参数显示器右下方的"隐藏 / 应用"效果按钮，当其为禁止标记时表示隐藏效果，这时效果并没有被删除只是暂时不起作用；再次单击该标记来应用设置的效果。

注意：在"音轨混合器"中添加的效果是为轨道添加的，所以如果在一条轨道上放置了多段剪辑，该效果对轨道所有剪辑都有效。

10.4.3　使用"音轨混合器"制作 5.1 环绕立体声

在 Premiere Pro CC 中可以使用"音轨混合器"制作 5.1 声道音频文件，5.1 声道环绕音频能够更好地表现声音的临场感。5.1 声道包括三条前置音频声道（左声道、中置声道、右声道）、两条后置或环绕音频声道（左声道和右声道）以及通向低音炮扬声器的低频效果（LFE）音频声道。

1. 新建序列

在打开的"新建序列"对话框的"轨道"选项卡中设置音频的主音轨为"5.1"声道音频，并根据音频源文件的数量和混音的需要设置各种类型的音频轨道数量。单击"确定"按钮，建立一个"主"音轨为 5.1 声道的序列，如图 10.62 所示。

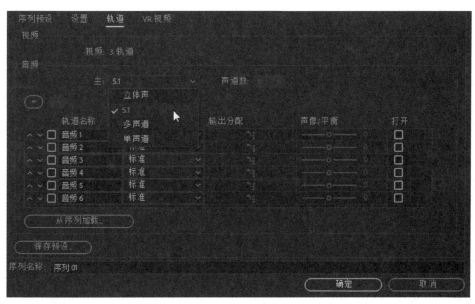

■ 图 10.62　新建序列

2. 导入素材文件

导入要编辑的素材文件，并将其放置到相应的音频轨道上，如图 10.63 所示。

3. 在"音轨混合器"中进行混音

在"音轨混合器"中，把每个轨道的"定位声场点"拖动到合适的位置，如图 10.64 所示。

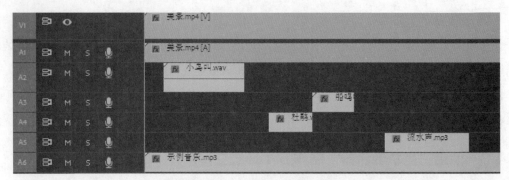

■ 图 10.63 "时间轴"序列窗口

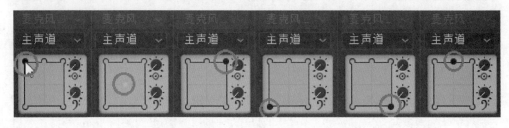

■ 图 10.64 "音轨混合器"定位声场点

将各音频轨道的自动模式设置为"写入"模式，并单击"音轨混合器"底部的"播放"按钮。在播放的过程中，对各音频轨道的"音量"调节块进行实时的调节，如图 10.65 所示。

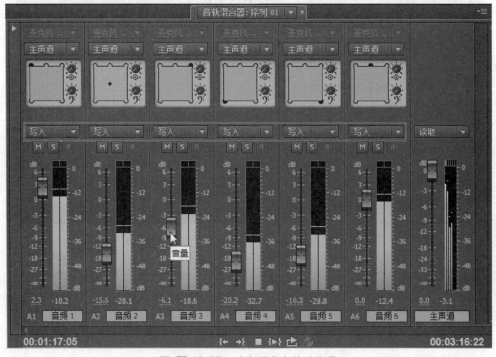

■ 图 10.65 动态调节各轨道音量

调节后的结果会以轨道关键帧的方式被保留下来，如图 10.66 所示。

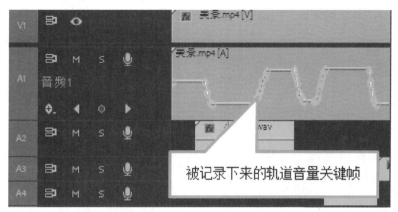

被记录下来的轨道音量关键帧

■ 图 10.66　轨道关键帧内容

自动模式选项共有五个，其含义为：

● 关：回放期间忽略轨道的存储设置。使用该模式中不会录制对音轨所做的更改。

● 读取：读取轨道的关键帧并在回放期间使用它们来控制轨道。

● 写入：以关键帧的方式保存对轨道所做的修改。

● 闭锁：只有在开始调整某一属性之后，才会启动自动操作。初始属性设置来自前一调整。

● 触动：用来保护用户对音频素材所做的调整，用户做完调整后音量滑块会自动回到当前编辑之前的位置；

当所有的调节都完成后，将各音频轨道的自动模式再次设置为"读取"模式，以只读的方式保护记录的调节不被更改。

单击"窗口 | 音轨混合器"命令，打开"音轨混合器"面板。单击"音轨混合器"下方的"播放—停止切换"按钮 ，预览当前的混音效果。

10.5 应用实例——制作动感十足的卡点音乐视频

制作动感十足的卡点音乐视频

统一多段背景音乐的响度；设置音频过渡效果；在节奏点上为音频打标记；设置默认视频过渡效果和过渡时间；使用"自动匹配序列"按照标记将视频匹配至时间轴序列窗口。

1. 新建项目文件和序列、导入案例素材

新建项目文件"卡点视频 .prproj"；新建"卡点音乐"序列。将案例素材文件夹导入"项目"面板中。

2. 统一背景音频响度

将"背景音乐 1.mp3"和"背景音乐 2.mp3"插入至"卡点音乐"序列 A1 轨道零点处。选中

两段音频剪辑，在"基本声音"面板中指定两段剪辑的类型为"音乐"，单击"响度"中的"自动匹配"，完成统一背景音频响度。响度统一前后对比效果，如图 10.67 所示。

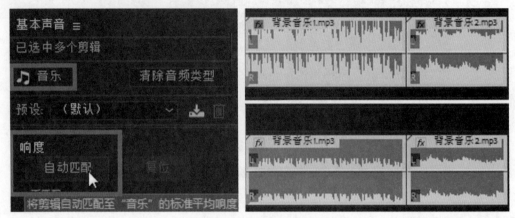

■ 图 10.67　自动匹配

3. 添加音频过渡效果

将"音频过渡 | 交叉淡化 | 恒定功率"添加至音频剪辑的首、尾，如图 10.68 所示。

4. 添加卡点音频标记

单击"节目"监视器面板的"播放"按钮，在音乐的节奏点上单击键盘上的 M 键（英文输入状态），设置轨道标记点，如图 10.68 所示。

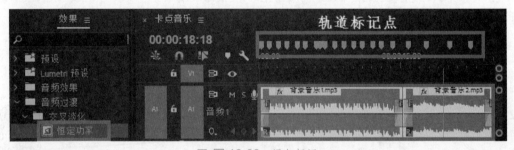

■ 图 10.68　添加标记

5. 自动匹配序列

在"项目"面板中按照希望的播放顺序，选择项目素材。单击"项目"面板下方的"自动匹配序列"按钮，在"序列自动化"窗口的"放置"下拉列表中选择"在未编号标记"选项。按照标记将视频匹配至"时间轴"序列窗口，如图 10.69 所示。

6. 设置默认的视频过渡效果和过渡时间

选中"视频过渡 | 缩放 | 交叉缩放"，在快捷菜单中选择"将所选过渡设置为默认过渡"命令。因为卡点音乐的节奏较快，所以将默认的视频过渡时间设置短一些。将系统菜单"编辑 | 首选项 |

时间轴"面板中的"视频默认过渡时间"设置为 10 帧。

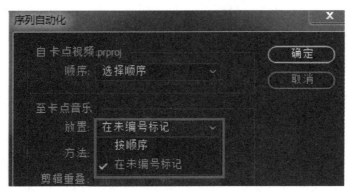

■ 图 10.69　自动匹配序列

7. 视频轨道素材应用默认视频过渡效果

选中所有视频轨道素材，按【Ctrl+D】快捷键，为所有素材添加了"交叉缩放"的视频过渡效果。将视频出点与音频部分的出点对齐。轨道素材内容，如图 10.70 所示。

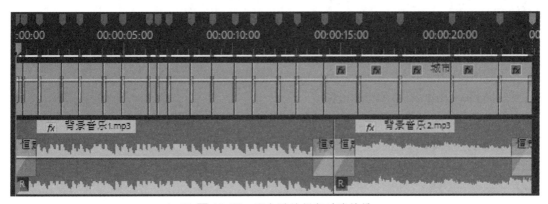

■ 图 10.70　添加默认视频过渡效果

8. 预览效果

按【Enter】键进行序列内容的渲染，预览效果并保存项目文件。

<h1 style="text-align:center">习　题</h1>

习题内容请扫下面二维码。

习题内容

第 *11* 章

渲染与导出

数字视频编辑的最后一步就是渲染、预览文件，然后按照指定的要求去输出作品。本章介绍 Premiere Pro CC 的渲染预览以及文件的导出。

学习要点

- 了解渲染条标识
- 了解预览文件的使用
- 掌握 Premiere Pro CC 的导出设置
- 熟悉 Premiere Pro CC 常用文件的导出方法
- 掌握导出交换文件的方法

建议学时

上课 1 学时，上机 2 学时。

11.1 渲染

Premiere Pro CC 会尽量以全帧速率实时回放序列内容。渲染即生成，其过程就是将视频、音频数据预先计算出来，并将其保存到硬盘上，回放时系统直接读取这些数据。

11.1.1 渲染区域

当处理序列中的剪辑时，会添加一些效果，有些效果会立刻起作用，单击播放按钮会将原始视频和效果结合起来并显示结果，这种情况称为实时播放。

有时由于添加的效果较多，或者有些效果不支持实时播放，计算机就不能以全帧速率显示结果。Premiere 会尽量显示剪辑和效果，但不会显示每秒的每帧画面，这种情况就叫丢帧。

如果还需要一些额外的工作才可以播放视频，Premiere 会在时间轴顶部以渲染条的不同颜色来进行标识。

1. 渲染条标识

在"时间轴"序列窗口的时间标尺中会以彩色渲染栏标记序列的未渲染部分。渲染条标识如图 11.1 所示。

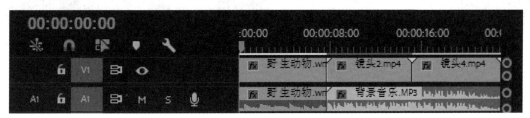

■ 图 11.1　渲染条标识

在序列的时间标尺中显示红色渲染条，表示必须渲染才能以全帧速率实时回放的。红线不一定会丢帧，它表示某些效果没有被加速，所以在性能较弱的计算机上有可能丢帧。

黄色渲染条表示可能无需渲染就能以全帧速率实时回放的未渲染部分。例如，创建的序列设置和导入的轨道剪辑设置是一致的，不需要渲染也能以全帧速率实时回放，但由于没有渲染所以没有产生预览文件，这时系统就会以黄色渲染条标识。绿色渲染条表示已经渲染并关联预览文件的部分。

在播放序列内容时如果发现丢帧，也并不会影响最终的输出结果。在完成编辑并输出最终序列时，这个系列依然带有所有帧，且是全质量的（包含每秒的所有帧）。

解决丢帧的方法就是预览渲染。所以，红色或黄色渲染栏下的部分，无论其预览质量如何，都应该在导出之前将这些部分内容进行渲染。

2. 渲染区域为"工作区域栏"

可以通过定义"工作区域栏"定义要渲染的区域，也可以通过定义入点、出点来定义要渲染的区域。

（1）定义"工作区域栏"

单击"时间轴"序列窗口的序列名称右侧按钮，在弹出快捷菜单中选择"工作区域栏"命令，如图 11.2 左侧图所示。在"时间轴"序列窗口的时间标尺下方就会打开"工作区域栏"，如图 11.2 右侧图所示。

（2）设置"工作区域栏"

可以拖动区域栏的两端；或者定位播放指示器，然后按【Alt+［】设置工作区域的起始位置，然后移动播放指示器，按【Alt+］】设置工作区域的结束位置。将指针置于工作区域栏上，系统将提示工作区域栏的开始时间码、结束时间码和持续时间。如图 11.2 右侧图所示。

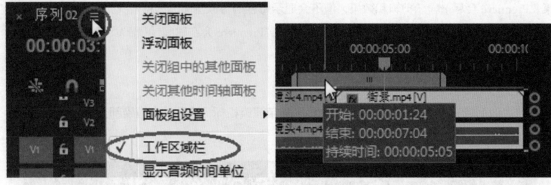

■ 图 11.2　工作区域栏

（3）渲染工作区域栏

通过设置工作区域栏定义要渲染的区域，选择系统菜单"序列 | 渲染工作区域内的效果"或者"序列 | 渲染完整工作区域"或者直接按【Enter】键，都可以完成渲染。

（4）删除渲染生成的文件

可以使用"序列"菜单的"删除工作区域渲染文件"或"删除渲染文件"命令，将渲染生成的文件删除。

3. 渲染区域为"入点到出点"

（1）定义入点、出点

标记序列要渲染区域的入点和出点。

（2）渲染入点到出点的区域

首先要关闭"工作区域栏"。通过标记入点和出点定义要渲染的区域，选择系统菜单"序列 | 渲染入点到出点的效果"或者"序列 | 渲染入点到出点"或者直接按【Enter】键，完成渲染。"序列"菜单还可以使用"删除入点到出点的渲染文件"或"删除渲染文件"命令，将渲染生成的文件删除。

这里"渲染入点到出点的效果"是指渲染位于包含红色渲染栏的入点和出点内的视频轨道部分。"渲染入点到出点"是指渲染位于包含红色渲染栏或黄色渲染栏的入点和出点内的视频轨道部分。

4. 渲染音频

默认情况下，"渲染工作区域内的效果"和"渲染完整工作区域"命令，在渲染视频时不会渲染音轨。如果序列中使用了多条音轨进行混音，回放质量就可能受到影响。

可以利用系统菜单"序列 | 渲染音频"渲染位于工作区域内的音轨部分的预览文件。或者选择系统菜单"编辑 | 首选项 | 时间轴"勾选"渲染视频时渲染音频"，以使 Premiere Pro 在渲染视频预览时自动渲染音频预览。

5. 渲染时间

渲染时间的长短与下列因素有关：要生成的段落长度、特效的样式、参数值的大小、特效叠加的数量等。所以要加快生成的方法，就可以利用"入点 / 出点"标志来指定生成范围；若效果相似则选取速度快的特效；避免参数调整过度；叠加效果时应选择便捷和简化的效果组合。

11.1.2　预览文件

渲染预览时，Premiere Pro 会在硬盘上创建预览文件。

1. 预览文件保存位置

预览文件包含 Premiere Pro 在预览期间处理的任何效果的结果。在"新建项目"对话框的"暂存盘"选项卡中可以设置预览文件的保存位置，如图 11.3 所示。

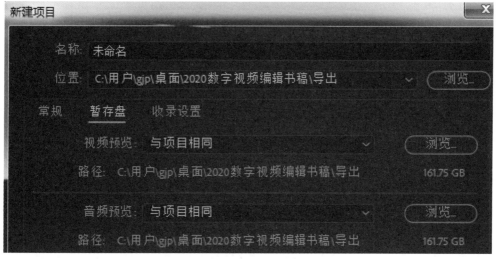

■ 图 11.3　新建项目

当保存项目文件后，在"视频预览"路径下会自动创建"Adobe Premiere Pro Video Previews"文件夹，里面放置预览文件。

如果对工作区域的内容没有做任何更改，只是进行了多次预览，那么 Premiere Pro 会即时回放预览文件，而不会重新生成预览文件。为了节省时间，系统会尽可能保留现有预览文件。编辑项目时，预览文件会随着相关的序列段一起移动，当序列的某个剪辑片段发生更改时，Premiere Pro 会自动修剪相应的预览文件，同时保存其他未更改的剪辑片段。

2. 引用预览文件

序列引用预览文件的方式与源文件相同。如果 Windows 中移动或删除了预览文件，那么当再次打开项目时，系统会提示"缺少预览文件"，要做"查找"或"跳过"预览文件的处理，如图 11.4 所示。

■ 图 11.4 缺少预览文件

3. 删除预览文件

处理完项目之后，可以通过系统菜单"序列 | 删除渲染文件"命令将渲染文件删除，也可以打开资源管理器将"Adobe Premiere Pro Video Previews"文件夹中的渲染预览文件删除，释放其所占磁盘空间。

11.2 导出

Premiere Pro 支持直接导出不同格式的文件，也支持利用 Adobe Media Encoder 导出指定编码的文件。选择"导出"功能会直接从 Premiere Pro 生成新文件。利用 Adobe Media Encoder 导出会将文件发送到 Adobe Media Encoder，利用该软件导出指定格式的文件。

11.2.1 导出设置

在"时间轴"序列窗口中编辑好作品后，单击菜单"文件 | 导出 | 媒体"命令，在"导出设置"对话框中可以对视频尺寸、编辑方式、输出文件的格式等导出参数进行设置，如图 11.5 所示。

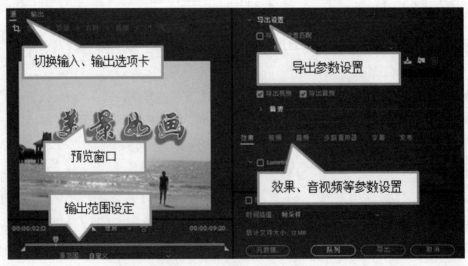

■ 图 11.5 "导出设置"对话框

1. "源"和"输出"选项卡

在左侧的视频预览区上方有"源"和"输出"两张选项卡，其中："源"表示项目的编辑画面；单击"裁剪输出视频"按钮，可以在预览区域内直接拖动调整框，来控制画面的输出范围。在右侧有"选定画面比例"按钮，可以设置画面的宽高比。预览窗口下方有播放控制按钮，拖动滑杆上方的滑块可以控制当前画面的播放位置，滑杆下方的左右两个小三角用来控制导出影片的入点和出点，如图 11.6 所示。

■ 图 11.6 裁剪输出视频

调整结束后，单击"输出"选项卡，可以看到最终输出的视频画面效果。在"源缩放"下拉列表可以选择缩放的各种样式，如图 11.7 所示。

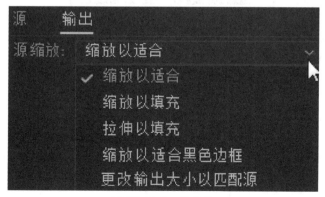

■ 图 11.7 源缩放

其中：

- "缩放以适应"：缩放源帧以适合输出帧，不会进行任何扭曲或裁剪，可能会根据需要，向视频的顶部和底部（上下黑边）或两侧（左右黑边）添加黑条；
- "缩放以填充"：可缩放源帧以完全填充输出帧，根据需要在顶部 / 底部或两侧裁剪源帧，而不会对帧进行扭曲；
- "拉伸以填充"：可拉伸源帧，在不裁切的情况下完全填充输出帧。如果导出的帧大小与源帧的大小差异很大，则输出视频可能会被扭曲；
- "缩放以适合黑色边框"：可缩放源帧（包括被裁剪的区域），在不扭曲的情况下适应输出帧大小，黑色边框将应用于视频；
- "更改输出大小以匹配源"：可将输出帧大小自动设置为源视频帧的高度和宽度，覆盖当前输出帧的大小设置。"源缩放"是用来调整因裁剪产生的黑边。

各种样式预览如图 11.8 所示。

■ 图 11.8　源裁剪样式与五种缩放样式

2. 导出设置

在"导出窗口"的右侧为具体的导出参数的设置。"导出设置"对话框如图 11.9 所示。

选择"与序列设置匹配"复选框，可以自动从 Premiere Pro 序列中导出设置与该序列设置完全匹配的文件；在"预设"下拉列表中选择已经设置好的预设导出方案，完成设置后可以在"导出设置"对话框的"摘要"区域查看部分导出设置的内容；单击"格式"下拉列表框，显示 Premiere Pro CC 能够导出的所有媒体格式。

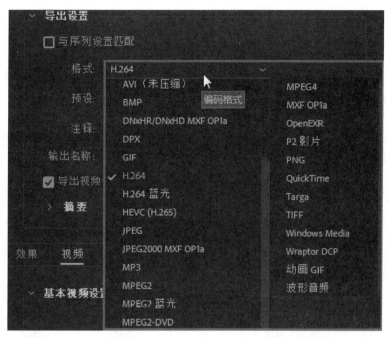

■ 图 11.9　"导出"各种媒体形式

在"格式"里选择所需的文件格式；根据实际应用，在"预置"中可以选择预置好的编码也可以自定义设置。Premiere Pro 还包含面向 Twitter、Facebook、Vimeo 和 YouTube 的预设。

选择输出格式、根据播放设备选择合适的预设（会改变视频的尺寸、分辨率）。针对不同的导出格式，其预设内容也不同。如图 11.10 所示，H.264 的格式及预设内容。

■ 图 11.10　预设格式

在"输出名称"中设置文件的保存路径和文件名称。

3. 效果

利用"效果"选项卡,可向导出的媒体添加各种效果,如 Lumetri Look/LUT、SDR 遵从情况、图像叠加、名称叠加、时间码叠加、时间调谐器、视频限制器等,如图 11.11 所示。

■ 图 11.11 输出效果

(1) Lumetri Look/LUT

从"已应用"下列列表中选择 Lumetri 预设;也可以单击"选择 .."以应用自定义 Look 或 LUT 文件。

(2) SDR 遵从情况

可将高动态范围(HDR)视频转换为标准动态范围(SDR),以便在非 HDR 设备上播放。

(3) 图像叠加

可在导出视频上叠加图像。常常用于制作视频的水印效果。

(4) 名称叠加

可为导出视频添加文本。

(5) 时间码叠加

可为导出视频添加时间码计数器。

(6) 时间调谐器

可通过复制或删除某些部分中的帧,以自动延长或缩短视频的长度。

(7) 视频限制器

可限制源文件的亮度和颜色值,使其处于安全广播限制范围内。"剪辑层级"指定输出范围(以 IRE 为单位);"剪切前压缩"应用规定色彩导入范围的"软阈值",而不是进行硬剪切。

4. 视频

视频设置因所选导出格式而异。每种格式都有独特的要求，这些要求决定了哪些设置可用，如图 11.12 所示。

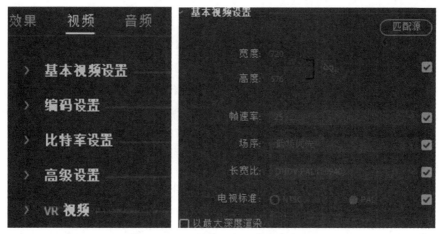

■ 图 11.12 　"视频"与"基本视频设置"

（1）基本视频设置

● 匹配源

自动将导出设置与源设置匹配。

● 基本设置

"宽度"指视频帧的宽度。"高度"指视频帧的高度。"帧速率"指视频回放期间每秒显示的帧数。"场序"可以指定导出文件使用逐行扫描场组成的帧还是由隔行扫描场组成的帧。其中"逐行"是数字电视、在线内容和电影的首选设置。当导出为隔行扫描格式（如 NTSC 或 PAL）时，可选择"高场优先"或"低场优先"以设置隔行扫描场的显示顺序。"长宽比"指视频的像素长宽比。"以最大深度渲染"可以使用最大位深度进行渲染。

（2）编码设置

● 性能

仅限 H.264 和 HEVC，默认选中"硬件加速"，使用系统的可用硬件来加快编码速度。如果系统硬件不支持，"性能"将自动切换到"仅限软件"。

"配置文件"常用的 H.264 配置文件包括："基线"需要快速解码的视频会议和类似设备使用的最简单配置文件。"主要"用于 SD 广播的常用配置文件。"高"大多数高清设备所使用的、广泛支持的配置文件。"高 10"是支持 10 位解码的"高"配置文件扩展。

● 级别

限制可用于"帧大小""帧速率""场序""长宽比""比特率""色度"和其他压缩设置的选择范围。一般来说，级别的设置越高，支持的视频分辨率越大。

- Rec.2020 基色

使用 UHD 格式（例如 4 K 和 8 K）支持的 Rec.2020 色彩空间。当配置文件设置为"高 10"时可用。

- 高动态范围

将使用高动态范围导出。这种设置会使得视频画面白色较亮且黑色较暗，适合用在较高位深度下保留细节。当"Rec.2020 基色"启用时"高动态范围"可用。

（3）比特率设置

比特率视频或音频信号中的数据量，其测量单位为每秒比特数。一般而言，较高的比特率，可生成质量较好的视频和音频；而较低的比特率，可生成更适合在网速较慢环境下播放的媒体。

- 比特率编码

指定用于压缩视频 / 音频信号的编码方法。其中：

CBR（恒定比特率）将数据速率设置为常数值。此选项可缩短导出时间，但可能会影响较复杂帧的质量。

VBR（可变比特率）根据视频 / 音频信号的复杂性，动态调整数据速率。使用此选项能以较小文件大小，实现较高的整体质量，但可能会增加导出时间。"VBR 1 次"1 次编码会从头到尾分析整个媒体文件，以计算可变比特率。"VBR 2 次"2 次编码会进行两次分析计算从头到尾和从尾到头。第 2 次编码会延长编码时间，但可确保更高的编码效率，并且通常可以生成更高质量的输出。

- 目标比特率［Mbps］

设置编码文件的总体比特率。视频度量单位为兆位 / 秒［Mbps］，音频度量单位为千位 / 秒［kbit/s］。

- 最大比特率［Mbps］

设置 VBR 编码期间允许的最小值和最大值。

（4）高级设置

"关键帧距离"可指定在导出视频中插入关键帧（又称 I 帧）的频率。通常，使用较小的关键帧距离值可以获得较高的视频质量，但可能会增加文件的大小。

（5）VR 视频

使用 VR 导出设置，导出 VR 360 素材，可编辑球面投影和双球面格式。

5. 音频

在"音频"中可以进行音频常规格式的设置，如图 11.13 所示。

（1）音频格式

音频格式可选 AAC 或 MPEG 格式。

■ 图 11.13　音频

（2）基本音频设置

"音频编解码器"指定音频压缩编解码器。某些音频格式仅支持未压缩的音频，它们具有最高的质量但占用更多的磁盘空间。部分格式仅提供一个编解码器，而其他格式则可以从多个编解码器列表中进行选择。

"采样率"将音频转换为离散数字值的频率，测量单位为赫兹（Hz）。以较高采样率录制的音频其音质较好，但文件比较大。

"声道"指定导出文件中包含的音频声道数。如果选择的声道数少于序列或媒体文件的主轨道声道数，则 Adobe Media Encoder 会缩混音频。常用声道设置包括单声道（一个声道）、立体声（两个声道）和 5.1（杜比环绕立体声）。

（3）比特率设置

指音频的输出比特率。通常，更高的比特率会提高质量并增加文件大小。

6. 多路复用

H.264、HEVC（H.265）和 MPEG 等格式包括"多路复用器"选项卡，可用于控制如何将视频和音频数据合并到单个流中。当"多路复用"设置为"无"时，视频和音频流将分别导出为单独的文件。

7. 字幕

隐藏字幕通常用于将视频的音频部分以文本形式显示在电视和其他支持显示隐藏字幕的设备上。如图 11.14 所示，可以设置字幕的导出选项、文件格式等内容。

8. 发布

使用"发布"选项卡，将文件上传到不同的社交媒体平台。系统提供了预设列表可以进行选择，如图 11.15 所示。

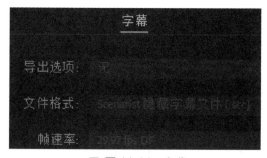

■ 图 11.14　字幕

■ 图 11.15　发布

9. 渲染和时间插值设置

在"导出设置"对话框右下角还可以设置渲染和时间插值，如图 11.16 所示。

■ 图 11.16　渲染和时间插值

（1）使用最高渲染质量

当缩放到与源媒体不同的帧大小时，"使用最高渲染质量"有助于保留细节并避免出现锯齿。

（2）使用预览

系统使用 Premiere 序列生成的预览文件进行导出。"使用预览"后有助于加快导出时间，但可能影响质量，具体情况取决于选择的预览格式。

（3）设置开始时间码

可为导出的媒体指定不同于源时间码的开始时间码。否则，导出时使用源媒体的时间码。

（4）仅渲染 Alpha 通道

用于含有 Alpha 声道的源文件。启用后，只会在输出视频中渲染 Alpha 通道，而"输出"选项卡中会显示 Alpha 通道的灰度预览。

（5）时间插值

当导出媒体的帧速率与源媒体不同时，将使用时间插值。例如，如果源序列为 30 fps，但希望以 60 fps 导出，时间插值通过以下方法生成或删除帧：

● 帧采样

通过复制或删除帧以达到所需的帧速率。使用此选项，可能会导致某些素材产生回放不连贯或抖动的现象。

● 帧混合

通过将帧与相邻帧混合来添加或删除帧，这样可生成更加平滑的回放效果。

● 光流法

通过插入周围帧中像素的运动来添加或删除帧。使用此选项通常可生成最平滑的回放，但如果帧之间存在显著差异，则可能会出现晕影。

11.2.2　元数据

元数据是有关文件的一组说明性信息。视频和音频文件自动包括基本元数据属性，如日期、持续时间和文件类型。

1. Premiere 元数据

Premiere 可以从"元数据导出"对话框中选择要包含在导出媒体中的 XMP 元数据，如图 11.17 所示。

■ 图 11.17　"元数据导出"对话框

2. 导出选项

选择如何随导出文件保存 XMP 元数据。

● 无

不导出源中的 XMP 元数据。但是导出与文件有关的基本元数据（如导出设置和开始时间码等）。

● 在输出文件中嵌入

将 XMP 元数据保存在导出的文件中。

● 创建 Sidecar 文件

将 XMP 元数据作为单独的文件保存在导出文件所在的目录中。

3. 元数据

可以使用保留规则，选择应在编码的输出文件中保留源资源中的哪些 XMP 元数据。预设保留规则为"全部保留"和"全部排除"。"全部保留"为默认值。若要创建自己的保留规则，单击"保留规则"菜单旁边的"新建"按钮，通过在"保留规则编辑器"对话框中选择单个字段或类别进行启用。

4. 输出文件元数据

输出模板指定将哪些 XMP 元数据写入输出文件。

11.2.3 导出数字视频作品

Premiere 支持使用系统自动导出，也可以借助 Adobe Media Encoder 完成视频作品的导出。

1. Premiere 导出

在"导出设置"对话框单击"导出"按钮，可以直接输出作品。输出的过程有进度提示，如图 11.18 所示。

2. Adobe Media Encoder 队列

在"导出设置"对话框单击"队列"按钮，系统将自动打开 Adobe Media Encoder 启动界面，如图 11.19 所示。

■ 图 11.18 导出进度

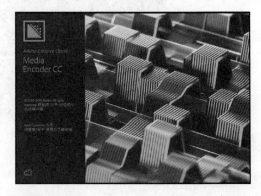

■ 图 11.19 Adobe Media Encoder 启动界面

进入 Adobe Media Encoder 工作界面后，设置好的项目将出现在队列列表中。单击"启动队列"按钮，可将序列按照设置输出到指定的磁盘空间，如图 11.20 所示。

Adobe Media Encoder 常被用作 Adobe Premiere Pro、Adobe After Effects 和 Adobe Prelude 的编码引擎。也可以将 Adobe Media Encoder 用作独立的编码器。

注意：默认情况下，Adobe Media Encoder 将导出的文件保存在源文件所在的文件夹中。

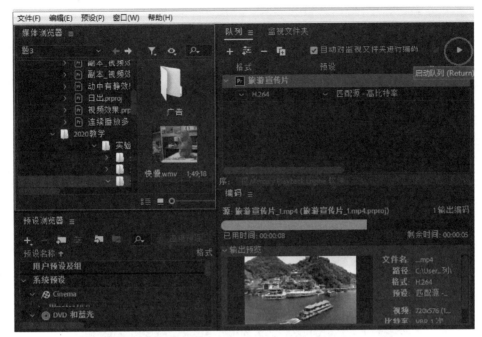

■ 图 11.20 Adobe Media Encoder 界面

11.3 导出交换文件

交换文件就是指可以与其他应用程序进行协同工作的项目格式，即允许多个软件共享的一种
文件形式。

11.3.1 导出 EDL 文件

EDL（Editorial Determination List）编辑决策列表，是一个表格形式的列表，由时间码值形式
的电影剪辑数据组成。EDL 适用于视频轨道不超过 1 条、立体声音轨不超过 2 条且没有嵌套序列
的项目。另外，EDL 也适用于大部分标准过渡、帧保留和更改剪辑速度等操作。

EDL 常用来做视频编辑领域的编辑交换文件，它可以记录用户对素材的各种编辑操作，用户
可以在支持 EDL 文件的编辑软件中共享编辑项目。

在 Premiere Pro CC 中，从"项目"面板或"时间轴"序列窗口中选择序列，单击菜单"文件
| 导出 |EDL"命令，打开"EDL 导出设置"对话框，设置完毕单击"确定"按钮后在随即打开的
"将序列另存为 EDL"对话框中设置文件名称和保存位置，如图 11.21 所示。

11.3.2 导出 AAF 文件

AAF（Advanced Authoring Format）高级制作格式，是可以跨平台、跨系统在应用程序间交
换数据媒体和元数据的文件。在 Premiere Pro CC 中，从"项目"面板或"时间轴"序列窗口中选

择序列，单击菜单"文件 | 导出 |AFF"命令，打开"将转换的序列另存为 -AFF"对话框，如图 11.22 所示。确定后，打开"另存为"对话框设置文件的名称和保存位置。

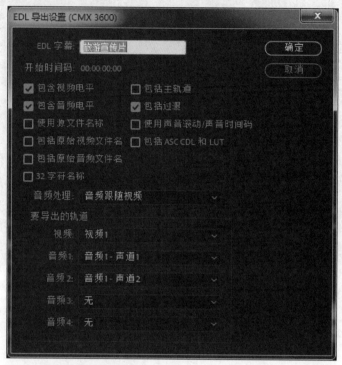

■ 图 11.21 "EDL 导出设置"对话框

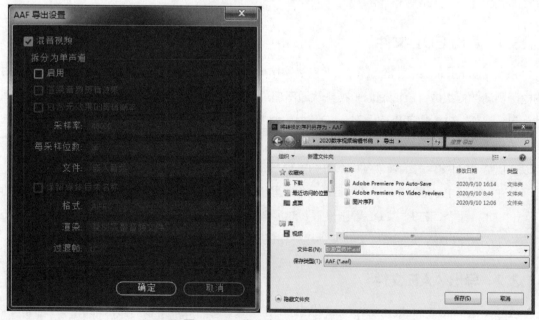

■ 图 11.22 将转换的序列另存为 -AFF

11.3.3　导出 Final Cut Pro 项目 XML 文件

可以使用 XML 项目在 Final Cut Pro 与 Premiere Pro 间交换信息。选择"文件 | 导出 |Final Cut Pro XML"命令，在"将转换的序列另存为—Final Cut Pro XML"对话框中，输入文件名称和保存位置，如图 11.23 所示。

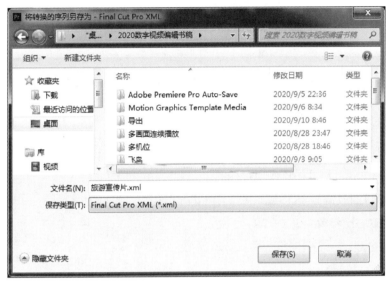

■ 图 11.23　将转换的序列另存为—Final Cut Pro XML

Premiere 低版本是打不开高版本的工程文件的。在高版本中使用"文件 | 导出 |Final Cut Pro XML"命令，Premiere Pro 会将序列保存到指定位置的 XML 文件中。这样低版本的 Premiere Pro 就可以打开这个 XML 文件。

以上介绍的三种交换文件都可以通过"文件 | 导入"命令再次将其导入到 Premiere 中进行编辑。

11.4　应用实例——按网站要求上传自己的视频作品

自己的视频作品要想上传至一些主流网站，就需要了解这些网站对上传的作品有一些什么样的要求。然后按照网站要求，设置作品的输出格式。

1. 上传要求

如图 11.24 所示，是某网站的视频上传格式要求。

2. 分析具体导出参数

选择 H.264 格式导出，设置视频的参数：

按网站要求
上传自己的
视频作品

视频码率建议最高 6000kbps（H.264/AVC 编码）
视频峰值码率建议不超过 24000kbps
音频码率最高 320kpbs（AAC 编码）
分辨率支持 1920*1080
关键帧至少 10 秒一个
色彩空间 yuv420
位深 8bit
声道数小于等于 2
采用率=44100
逐行扫描

■ 图 11.24　作品上传要求

- 目标码率对应视频码率（6）Mbps，最大比特率对应峰值码率（24）Mbps。
- 根据最大分辨率 1 920×1 080。
- 场序选择（逐行）扫描。
- 计算机视频普遍采用像素长宽比为 1∶1 的（方形像素）。
- 我国采用（PAL）制式的广播电视标准。
- H.264 配置文件（高），这样编码效率和压缩率就越高，级别（5.1）。
- 视频选择动态比特率编码（VBR，2 次）。

设置音频的参数：

- AAC 编码格式音频。
- 音频采样频率 44 100 Hz。
- 声道数单声道或者立体声。
- 音频码率 320 kbps。

3. 导出设置

选中"时间轴"序列窗口中的内容，单击"文件导出"。在"导入设置"对话框中完成导出设置内容。

（1）在"导出设置"对话框中选择编码格式为"H.264"，选择"自定义"选项，指定文件的保存位置和文件名称，如图 11.25 所示。

■ 图 11.25　导 出 设 置

（2）在"视频"的"基本视频设置"中，检查视频的宽度和高度是否满足最大分辨率1 920×1 080；场序为逐行扫描；方形像素；电视制式标准为PAL；勾选"以最大深度渲染"复选框提高渲染质量，如图11.26所示。

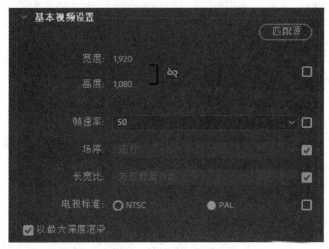

■ 图 11.26　基本视频设置

（3）在"视频"的"编码设置"中，选择"配置文件"为高，级别为 5.1，如图 11.27 所示。

■ 图 11.27　编码设置

（4）在"视频"的"比特率设置"中，比特率编码选择"VBR，2 次"。"VBR 2 次"2 次编码会进行两次分析计算，确保更高的编码效率，并且通常可以生成更高质量的输出。目标比特率6 Mbps，最大比特率 24 Mbps，如图 11.28 所示。

■ 图 11.28　比特率设置

（5）"音频"格式设置为：AAC 编码格式音频；音频采样频率 44 100 Hz；声道立体声；音频比特率 320 kbps，如图 11.29 所示。

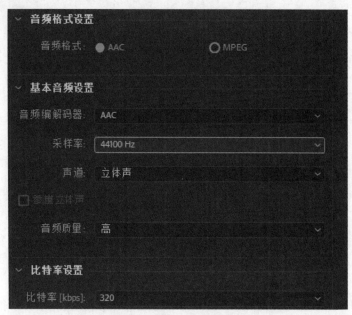

■ 图 11.29　基本音频设置

4. 导出视频作品

选择"导出"按钮，直接将视频作品导出。

也可以选择"队列"按钮，系统将自动打开 Adobe Media Encoder，进行导出。

5. 查看输出摘要

最后查看输出视频的属性，在"详细信息"中确认满足对应投稿视频的要求，避免被网站进行二次压缩，影响视频质量。

习　　题

习题内容请扫下面二维码。

习题内容

参考

［1］ACAA 专家委员会，DDC 传媒，刘强 .ADOBE PREMIERE PRO CC 标准培训教材［M］. 北京：人民邮电出版社，2014.

［2］石喜富，王学军，郭建璞 .Adobe Premiere Pro CC 数字视频编辑教程［M］. 北京：人民邮电出版社，2015.

［3］亚戈 .Adobe Premiere Pro CC 2018 经典教程［M］. 巩亚萍，译 . 北京：人民邮电出版社，2020.

［4］卢锋 . 数字视频设计与制作技术［M］.4 版 . 北京：清华大学出版社，2020.